这个世界，没那么简单

高维思维训练的 7 堂课

张 鹂 著

图书在版编目（CIP）数据

这个世界，没那么简单：高维思维训练的 7 堂课 / 张鹂著 . —北京：北京大学出版社，2015.6

ISBN 978-7-301-25793-7

Ⅰ . ①这… Ⅱ . ①张… Ⅲ . ①思维训练 – 通俗读物 Ⅳ . ① B80-49

中国版本图书馆 CIP 数据核字（2015）第 092456 号

书　　　名	这个世界，没那么简单：高维思维训练的 7 堂课
著作责任者	张　鹂著
责任编辑	宋智广　刘照地
标准书号	ISBN 978-7-301-25793-7
出版发行	北京大学出版社
地　　　址	北京市海淀区成府路 205 号　100871
网　　　址	http://www.pup.cn　新浪微博：@ 北京大学出版社
电子信箱	ed@bgsjbook.com
电　　　话	邮购部 62752015　发行部 62750672　编辑部 13910315221
印　刷　者	北京玥实印刷有限公司
经　销　者	新华书店
	787 毫米 ×1092 毫米　16 开本　14.75 印张　193 千字
	2015 年 6 月第 1 版　2015 年 6 月第 1 次印刷
定　　　价	39.00 元

未经许可，不得以任何方式复制或抄袭本书之部分或全部内容。

版权所有，侵权必究

举报电话：010-62752024　电子信箱：fd@pup.pku.edu.cn

图书如有印装质量问题，请与出版部联系，电话：010-62756370

前言
PREFACE

在自媒体日渐发达的时代，人们的声音越来越多元了，所谓共识正在日益消解。打开微信朋友圈，各种声音扑面而来，它们都出自善良和正义的本意，却把我们的心弄得碎了一地，觉得这个世界不会好了。

要具备怎样的信仰和定力，才能在众声喧哗中保持一份平静和理性，甚至依然能乐观地相信上天自有安排，并坚定地相信未来？

先让我们以史为鉴。回望并不遥远的几百年前，那时很多人曾坚持认为地球是扁平的。如果他们有幸生活在今天，极轻易就能看到从外太空拍摄的地球图片，或许没人会傻到不相信地球是圆的。这并非智商问题，而是由观察视角所带来的差异。

如果今天的我们也能站到更宏观的立场上看待各种社会现象，结果会怎样？本书将其称为高维思维，它并非来自卓越的智商，而是作为电影学博士的我以特别的方式进行了大量样本研究后的结果；同时，它或许也是大数据时代的又一个涌现效应。

所谓"阳光底下无新事"，无论热点新闻事件如何热闹或奇葩，假若放在历史长河中看，谈不上会有多新鲜，因为人性总是相通的。所以，本书的

这个世界，没那么简单

目的之一就是解释各种热闹或奇葩事件背后的原因，并试图将它们与自然科学原理相对接。

不过，解释它们还不是最重要的，更重要的目的在于：了解这些规律，有可能帮助我们在星空的指引下更清晰地眺望未来！

我并不持一种认为一切皆可预知的观点，因为我更相信硬币的两面，一面是规律，另一面是事在人为，也就是基因学研究中所说的"先天经由后天"：一个胖子之所以成为胖子，首先是因为他具有成为胖子的基因，这使得他更倾向于去买冰激凌吃，所以他最终成为胖子是"先天基因"通过"后天行为"起作用的结果。

从星空的规律来看，人类社会的未来或将是美好而光明的，而且实现它也存在着清晰的路径可供依循，这就像是人类社会的某种先天基因。不过，我们仍需为那些前景的实现做出种种努力，使我们的所作所为能够顺应天意。

目录
CONTENTS

思考的维度从简单到复杂，是历史发展的大趋势，也是人类走向更高级文明的体现。整个人类文明的历程，正是一个在思维上逐渐获得更多维度的历程。

给灵魂一点空间，让它在温暖的气候下孕育生长。改变一个人的行为，不妨从改变他的想法开始。

第1课
思维需要更多的维度

手心还是手背　　　2

洞穴之喻，看见四维　　6

仰望星空，你穿越了　　9

跳出来很关键　　　14

九龙治水，躺着也中枪　　20

从"卡-丘空间"说起　　24

解锁维度，向自由迈进　　29

第2课
请别把灵魂落下

灵魂的觉醒　　　34

莫比乌斯带　　　40

上帝分蛋糕　　　44

这个世界，没那么简单

时间都去哪儿了　　　48

回头是彼岸　　　54

触动灵魂的时刻　　　60

给灵魂一点空间　　　63

格局，就是个人所关注的利益圈的大小。怎样才能做大格局？换位思考。当需要处理某件事务、某种关系时，把其中涉及的各个利益方都考虑在内，才能做出最恰当的行为选择。

第3课
格局，大一点就好

格局就是画圈圈　　　72

老子、孔子和墨子的格局　　　76

Out，被Out，都是Out　　　79

一张牛皮圈住的地　　　83

肥皂膜知道答案　　　87

圈大圈小，圈住才好　　　89

让格局大一"点"　　　94

联结仍有些更深层的规律常常被忽视，由此带来了很多领域发展过程中的盲目性。尽管越联结越强大，但似乎从个体角度来说，存在着某种合适的上限。

第4课
越联结越强大

核聚变的经济账　　　100

潜能是个天文数字　　　104

能量晋级的门槛　　　109

独孤，只是个传说　　115

裂变后的涅槃　　118

自我超越＆体外生存　　124

面对"病毒"的联结，要同时沿着两个向度进行：一是阻断负能量的联结，二是加强正能量的联结。在宏观上，正规则依然会在总体上占据上风，至少它代表了社会发展的方向。

第5课
正规则，无法超越

一切都是你吸引来的　　130

引力与驱动力　　133

真善美的联结倾向　　137

"病毒"的联结　　142

高尚者的通行证　　145

无法超越的光速　　151

人的一切行为是趋于平衡的运动。公平是迟早的事。只有将个人维度与其他维度分开，充分尊重个人维度中的秩序，才能在更复杂、更高维度的问题上更好地实现公平。

第6课
万物皆有序

公平是迟早的事　　160

以负熵为食的精灵　　166

信息与负熵　　169

奇异的数字之序　　173

陀螺变形记　　179

分形的魔法　　183

魔鬼与天使同在　　187

> 多元化是一种有益的趋向，也是必然的趋向。简单系统产生出复杂行为，复杂系统产生出简单行为，看似混沌的背后可能隐藏着非常简单的规律。

第7课
多中心的博弈

从大爆炸到社会分工　　192

宇宙超球体和后现代　　197

程序性死亡与联结　　202

拉格朗日点的平衡　　211

小蚂蚁的智慧量级　　216

在混沌中寻找确定性　　219

在星空指引下，心向未来　　223

后记　　227

第 **1** 课
CHAPTER ONE

思维需要更多的维度

2013年11月,北京的汽车摇号政策出现了一些变化:采纳了数学家的建议,提高了久摇不中的人的中签率。表面看来,用不等概率抽样代替等概率抽样似乎并不公平,但民众却一边倒地认为更公平了,这印证了一句老话:公平不是一刀切!

那么,一刀切的问题究竟出在哪里?还有哪些领域存在着一刀切的危险倾向?哪些情况下适合一刀切呢?

手心还是手背

多年前的一天,我坐在院子里晒太阳,剪影落在墙壁上,带着若隐若现的蒸腾水汽。那一瞬间,我忽然对影子产生了浓厚的兴趣,用手摆出各种造型,孔雀、小猫、公鸡……就像小时候常玩的游戏。

忽然,一个问题进入了我的脑海:我看到的手的影子,是手心还是手背呢?

第 1 课 思维需要更多的维度

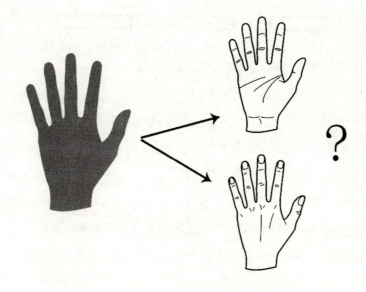

图 1-1 手心还是手背？

为了弄清这个问题，我把手摆弄来摆弄去，观察手的影子。手心？不。手背？不。手心吧？不对不对，是手背！嗯，也不太像……其实，它既不是手心，也不是手背，而是手的最大截面，而且这个截面不在一个平面上！

手是三维立体的，被阳光投射到墙的二维平面上，就意味着"一刀切"，实质是降低了维度。在二维平面上，可以获得三维立体事物的一个大致轮廓。这个大致轮廓只是近似物，但是失去了第三个维度中的细节，正如手在墙上的投影，我们依然能辨认出那是手，但投影只是手的近似物，失去了很多细节。

同样，二维事物如果只能用一维世界来体现，就成了线段。一个典型的例子是助盲识币卡，不同的硬币可以穿过不同长度的缝隙，用以帮助盲人识别硬币面值。图 1-2 中各缝隙的宽度相同，区别仅在于长度不同，这就是把二维平面的问题（硬币正反面）转化成一维线性（硬币直径），二维平面中的其他细节则被忽略了。

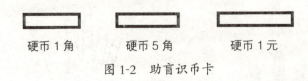

图 1-2　助盲识币卡

如果进一步降低维度，一条直线甚至可以只用一个点代替。比如现在常见的激光笔，可将人的视线引导到某个特定位置。通常情况下人的视线只追随那个光点，而不会过多留意激光走过的直线。

所以，我们看到的一个点、一条线、一个面，也许是高维度事物在低维度世界中的近似物，它们背后也许都隐藏着很多细节未被留意。

观察角度的选择也很重要，依然拿手的投影来打比方（见图1-3）。

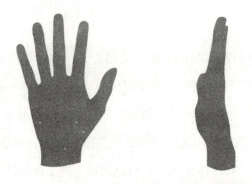

图 1-3　手的正侧面

手的投影，如果换个维度看，和鸡翅尖差不多，它不是手的最典型投影。在包含多个维度的事物中，每个维度对还原本来面貌的贡献度是不同的，有的维度能还原90%，有的维度则只能还原10%。

在2014马年春晚上，匈牙利魅影舞团给中国观众带来了独具特色的"影子舞"表演。这个由3男5女组成的8人舞蹈团利用不同类型光源和道具的配合，以自己的肢体协作，创造出很多中国元素的奇幻造型，长城、故宫、桂林山水、天安门前的狮子、火箭及"2014"等，让观众赞叹不已，同时也让我们对幕后的景象浮想联翩——当幕后有一种很复杂的景象，而我们又只能通过平面来展现时，它变形和发挥的空间是很大的。

这种现象可以用来解释为什么有些时候，我们觉得民意调查的结果出乎意料，而且未必合情合理。比如，在2012年3月哈尔滨杀医案发生后，某网站转载此事件新闻报道的后面，有"读完这篇文章后您心情如何"的投票，结果显示：6 161个投票人次中竟然有4 018人次选择了"高兴"，占了总投票数的65%。这一调查结果让人震惊，原因是它试图用一个词汇来描述整件复杂的事，因此出现严重偏差。所以，我们应当意识到：尽管民意调查方法有其科学合理的依据，但并非所有的民意调查都能如实、准确地反映客观实际，这与事物本身的复杂维度以及观看角度都有关系。

假设由于条件限制只能选择一个维度，那就要尽量选择最有效的那个维度。从这个意义上说，如果某项政策不得已要采取一刀切的做法，就要找到最有效果的那个维度。北京刚开始时一刀切式的汽车车牌摇号政策，也算是在公平旗帜下最有效的一个维度了。

但是，一刀切式的摇号政策显然忽视了很多细节，久摇不中的问题只是其中之一。现在，提高了久摇不中的人的中签率，就是增加了一个维度：时间维。排队很久的人，在时间维度方面增加了分量，应有更高的中签率，这的确使我们看到了更接近真实的景象。

可是，是否这样就尽善尽美了？有没有可能依然处在较低维度，依然不够"逼真"？

洞穴之喻，看见四维

从低维度看高维度是什么样子？

柏拉图曾作过一个著名的"洞穴之喻"：有一群囚徒生活在洞穴里，他们的手脚被锁链束缚，只能背朝洞口，面向墙壁，也不能转头。在这群人身后（也就是洞口的方向），点着一堆火。在火和囚徒之间筑着一堵矮墙，墙和火堆之间有一条小道，另外一些人扛着各种器具在小道上来回走动，火光则将高出墙的器具投影到囚徒面前的洞壁上。囚徒看到的只是洞穴墙壁上的投影，囚徒以为影子是唯一真实的事物。

这群囚徒无疑是可悲的，因为他们看到的世界只是二维平面。的确，从低维空间想象高维空间非常困难。而人生活在三维空间中，该如何在这个限定下想象四维空间呢？

图1-4所示是正方体在地面上的投影情况。三维正方体有6个面、8个顶点、12条棱，它们在平面投影中也都能得到体现，只不过不够逼真，被挤压在同一个平面中了。

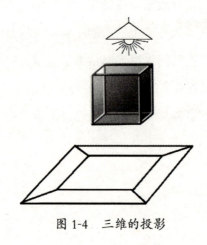

图1-4　三维的投影

按照这样的思路，四维超正方体在三维空间中也可以获得一个"投影"。如图 1-5 所示，这个"投影"有 24 个面、16 个顶点、32 条棱。

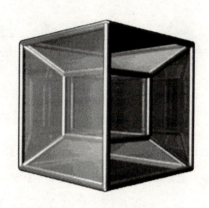

图 1-5 四维的投影

那么，它在四维空间中到底是什么样子的呢？这的确超出了人的空间感知能力。

但是，感知四维空间是否绝无可能？倒也未必。我们依然可以从简单的例子说起。

比如，从二维如何感知三维？但凡看过 CT 片的人都知道，CT 片是二维平面的，但它是分别从两个不同的角度拍摄（正面和侧面），然后在 CT 片上用横、竖两组照片来还原的，因此和单一照片相比，它能更好地还原三维立体的景象。

比如，3D 打印是如何实现的？每次用相应材质打印出来的仍是一个平面，平面和平面逐层堆积，就能按 3D 图纸制成实用的物件，小至手机壳、玩具，大到房屋、飞机等。

因此，我们可以利用四维世界在三维世界中的投影，再增加一个时间维度来弥补，让图片"动"起来！图 1-6 是四维超正方体的"动态"组图（当然，这里只能呈现为一组图片，它们连续播放的效果，就是四维超正方体的一种可能景象）。

图 1-6　超正方体动态组

为方便观察，上面这组图片中的某一条棱上被打上了"☆"标记，请参考它的位置变化来想象：超正方体最中间的那个小正方体逐渐向画面右边鼓出来，再逐渐向外伸展，然后向着左后方把其余部分吞进去、包裹起来，最后看似又回到最初的模样，不过此时最里面的已到了最外面、最外面的到了最里面。这传递出一个理念：超正方体是无边界的（关于四维的景象，后面还会有专门章节介绍）。

由于四维空间超出了人对空间的感知能力，所以想象起来的确有一定的困难。两千多年前，老子在《道德经》中说到"道"的至高至极境界时，提到了"大方无隅"（宏大的方正形象似乎没有一定的棱角）和"大象无形"（宏大的气势景象似乎没有一定之形），是不是有点像图 1-6 的文字注解？

颇为巧合的是，古印度在二三世纪成书的《涅槃经》中记录了著名的"盲人摸象"故事，这能让我们获得一些新的启发。盲人，如果只摸一个局部，就只能声称大象是墙、蒲扇或绳子，可是如果有位盲人足够认真，把大象从头到脚仔细摸一遍，也能大体还原出常人看到的大象模样。

这种新的"盲人摸象"方法或许是可行的——如果您读过海伦·凯勒的《假如给我三天光明》，一定会感叹一个既无听觉又无视觉的人，对世界的描述竟如此逼真！

所以，从低维世界看高维世界，存在难度，但并非绝无可能！只是需要我们有足够的耐心。

下面继续汽车牌照指标的话题。与北京初始时的摇号政策不同，上海采取拍号政策（价高者得），广州则最早采取有偿竞拍和无偿摇号相结合的分配模式。根据前文所讲维度越多越"逼真"的原理，显然广州的做法更周到一些，因为它使用了两个不同维度，兼顾了效率与公平。因而在2014年开始限制机动车牌照的天津和杭州都效仿了广州模式。从理论上说，北京的不等概率抽样也可以为上海、广州等城市提供借鉴；北京在将来引入有偿竞拍方法作为补充，也未尝不可。或者，把有偿竞拍和摇号结合起来，有刚性需求、急需用车的申请者，如果愿意适当加价，可以在阶梯式的摇号池（比如1万、2万、3万等）进行不等概率抽样。当然，把久抽不中的中签率和价格竞争的中签率结合起来就更人性化了。

那么，是否有引入价格竞争的必要？在什么时候引入比较合适呢？这里还存在着"时间"问题。

仰望星空，你穿越了

人们认知世界的复杂性，需要一个过程。

小时候，我们喜欢问："这个人是好人还是坏人？"这就是线性思维，即在一条直线的两端分出了上下，或者左右。这是孩子的思考方式：简单、幼稚。长大后，我们便很少这样处理问题，而是有了更多丰富的思考。

整个人类文明的历程，也是一个在思维上逐渐获得更多维度的历程。

在人类的早期，曾认为星空是一张巨大的黑色斗篷，上面破了一些窟窿，于是斗篷那边的光就透过这些窟窿照射进来，成为满天闪烁的星星。可见，当时的星空是二维平面的。蒂莫西·费瑞斯（Timothy Ferris）在《银河系简史》（*Coming of Age in the Milky Way*）中说："其实，只要我们的老祖宗对空间的深邃稍微有点概念的话，就能充分理解恒星和行星在天空中划出的二维运动，并终究会思考到第三维度。"

现在，多数人知道星空具有第三维度，却未必能感知它的第四个维度。

星星之所以被我们看见，是它们发出的光线进入了我们的眼睛。光的速度尽管很快，但也是有限的，所以，光的传播需要时间。比如太阳发出的光线到达地球的时间大约是 8 分钟。除了太阳外，离我们最近的一颗恒星距离地球 4.2 光年，这意味着我们看到的实际上是一颗 4.2 光年前的星星。其他星星也是如此，它们在数千光年、数万光年甚至数亿光年之外，其中有很多星星，当我们"看见"它时，它或许早已死去多时了，早已坍塌成了白矮星、黑矮星或者变成其他形式，甚至早已不再发光、发热，但是，我们真实地"看见"它们在闪闪发光，充满活力和能量。除此之外，或许有很多更遥远的星光，正在奔向地球的路上。

现在有个词叫"穿越"，似乎在现实中无法实现，其实当我们环顾头顶星空的时候，就真的穿越了：当我们仰望星空的时候，便是在一个瞬间真实捕捉到了千年、万年甚至亿年的时光！因此，仰望星空，你穿越了，甚至几近永恒！

这个道理并不复杂，可是，每当我让学生回答"头上的星空是几维的"这个问题时，答案总是五花八门，有人写四维，有人写 N 维（这个有待将来进一步探究），但更多人写的是三维、二维，甚至还有人写一维（显然是初中的几何没学好）。这说明，尽管已经进入 21 世纪，但很多当代人在思维上依然停留在数千年前的"黑斗篷"阶段。

人类思考维度不断演进的历史，除了对星空的认知之外，还有很多例证：

绘画史从洞穴中的简单线条画（一维、二维）发展到写实主义绘画（三维），再到当代的立体画（三维，但更加逼真）。

影像技术从照相机拍摄的呆照（二维）到活动的电影（二维平面+时间维）再到 3D 电影（三维空间+时间维），再到加入了震动、雾、雨、雪、风、闪电、气味、气泡等环境特技效果的 4D、5D 电影（三维立体+环境特技）。

音乐史从简单的劳动号子（时间线性一维），到了具有宫商角徵羽或 1234567 的音阶之后的乐曲主旋律（空间高低一维+时间线性一维），再到不同声部的加入（在原先基础上再加空间横向一维），再到由不同音色的乐器演奏出不同的声部（在原先基础上进一步增加空间纵深一维）。

人类的足迹，从一步一个脚印的零星点状，到"世上本无路，走的人多了就成了路"的线性轨迹，到城市中四通八达的路网，到飞机用两点之间直线最短的航线往来穿梭，再到航天飞机以螺旋线探索外太空，这同样是维度演进的生动历史。

打印功能，从打字机时代的字母累积成的文字串（一维），到突破行与行之间刻板限制的图片打印（二维），到彩色图片打印（二维图形+色彩维），再到 3D 打印（三维立体+材质维），维度也在不断增加。

这一切都说明，维度从简单到复杂，是历史发展的大趋势，也是人类走向更高级文明的体现。

值得注意的是，即使在高级阶段，高维度和低维度也是共存的，正如我那些填写问卷的学生那样，从一维、二维、三维、四维到 N 维，填什么的都有，但他们都生活在 21 世纪。

即便当今已经有人能够画出立体画了，但孩子们学画画依然都从简单的线条画开始，这样不同年龄的人同时生活在 21 世纪。

尽管在音乐厅中能欣赏到非常复杂的交响乐，但"嗨哟嗨哟"的简单劳动号子依旧不时在生活中响起，这样不同的人群同时生活在 21 世纪。

尽管"嫦娥三号"怀抱玉兔奔月成功了，但依然有不少人喜欢迈开双腿行走在荒漠中，这样不同的旅行方式同时共存于21世纪。

尽管很多人认为一刀切是懒政，并不符合真正的公平精神，但依然会有很多人认为一刀切在很多问题上是好的，这样不同的声音也同时存在于21世纪。

时间影响和制约着事物的发展进程，生活在21世纪的我们就像仰望星空一般时刻都在现实中"穿越"，亲眼见证着人类的"童年"在今天的星空下再现：尽管身处21世纪，但孩子们学画画必然仍从简单的线条画开始，学唱歌必然仍从简单的童谣开始，认识客观世界必然仍从玩水、玩泥巴开始，看电视必然仍从简单的卡通片开始……一切都有其自身的发展顺序，它可以提速，但很难逾越那些必经阶段。这其实没什么不好，反而使社会呈现出一种纷繁复杂的跨越时空之美。

如果我们不具有穿越时空的洞察力，就会在一些问题上陷入困境。比如，2009年9月，在武汉大学校长与家长见面会上，一新生家长哭诉孩子寝室条件太差，并说了一句日后流传甚广的话："我女儿身体里的每一个细胞都需要空调！"该事件引起网民热议：为什么校长办公室可以有空调，学生宿舍就不可以有？难道人和人之间不应该是平等的吗？这一问题就与时间维度有关。

其一，时间节点。如果全中国每一个房间都已具备安装空调的条件，那么空调只给校长而不给学生安当然是不公平的，但我们尚未进入这样一个富足的阶段。这与发展程度有关，是不能逾越的。

其二，时间箭头。假设现实条件只允许安装一台空调，是给学生还是给校长？这个问题相当于在问：艰苦条件和生活磨砺更应该出现在年轻阶段还是在事业成熟期？答案显然是年轻阶段，因为它对应于人类历史上条件艰苦的过去。从个人成长角度而言，"宝剑锋从磨砺出，梅花香自苦寒来"，只有体验过不易的生活，才能充分珍惜生活改善后的幸福。

所以，一旦失去时间维度，很多问题无法解释。不妨时刻用穿越的心态看待不同的社会问题，看到不同事物在复杂性方面是有差别的——有些问题的维度非常复杂，不能简单地一刀切；也有些问题涉及的维度相对单一，反而适合一刀切。

哪些问题适合一刀切呢？

比如成年人的标准是年满18周岁，就是典型的一刀切，这样易于计算，也很公平，更重要的是它维度单一，仅仅涉及年龄，以此来划分没什么不好。

比如消防通道，在消防车出入口，画着黄色网格线，任何车辆不得在此停留，这是一刀切，具有法律上的刚性；在居民小区，出于防火考虑，无论停车位多紧张也应留出足够宽度作为消防通道，这个维度也比较单一，是参考消防车本身宽度进行的一刀切，非常有必要。

再比如机动车交通事故责任强制保险（简称"交强险"），这是中国首个由国家法律规定实行的强制保险制度，2006年7月正式施行，保费实行全国统一收费标准（只是根据汽车性质和座位数的不同，在保费价格上有所差异）。这也是一刀切的做法，但公众对其必要性没有异议，为什么呢？因为驾驶车辆的风险较高，而且每个人都有可能成为交通事故的受害者。

从上述几个案例中，我们能总结出什么样的领域适合一刀切：维度简单的，容易计算的，而且机会均等的——这些适合一刀切的领域，如果能执行到位，将为其他问题的解决打下坚实的基础。

反之，本应一刀切的领域假如未严格执行，则会成为其他社会问题的严重掣肘。比如身份证的办理，应该严格按照一人一证来办理，可惜不少人钻制度空子，某市公安局副局长，竟然拥有8个身份证。公安部的数据显示，2013年全年全国共清理重复户口79万个，2014年上半年又清理注销重复户口27.1万个。尽管这其中绝大部分是由于早年手工登记等历史原因造成的，但也的确存在违规办理假身份证的情况。为此，2014年上半年，公安部查办伪造买卖户口证件案件149起，查处责任民警和辅警共46人。从2015年1月起，公安部又在互联网上直接公布办理假户口、假身份证的人。

总之，要治理涉及全社会的基础性问题，不妨从简单的维度入手，一刀切下去，干脆利落。

跳出来很关键

绝大多数事物都不简单。高维度不仅是历史发展的大趋势，而且自有其好处。

如前文所说，从低维看高维存在难度，那么从高维看低维，效果如何？

考虑以下情况（见图1-7）：如果试图从一个正方形内的一点A到达正方形外的一点B，同时又保持在这张纸所在的平面上，那么就必定要穿过封闭的围线C。但如果我们利用三维空间，离开这张纸所在的平面，那就不必穿过围线C了。

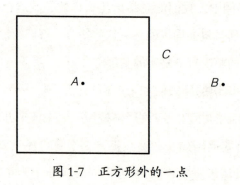

图1-7 正方形外的一点

这就是从二维平面"跳出来",利用第三维来解决问题——"跳出来"很关键。

这个抽象的法则,有一个生动的现实版本。法国科学家法布尔(Fabre)在《昆虫记》里记载了他的一次试验(见图1-8):

有一天,我看到很大一群毛虫爬到花盆上,渐渐地来到它们最为得意的盆沿上。慢慢地,这一队毛虫陆陆续续到达了盆沿,在盆沿上前进着。我等待并期盼着队伍形成一个封闭的环,也就是说,等第一只毛虫绕过一周而回到它出发的地方。一刻钟之后,这个目的达到了。现在有整整一圈的松毛虫在绕着盆沿走了。……于是我就把还要继续上去的毛虫拨开,然后用刷子把丝线轻轻刷去,这相当于截断了它们的通道。这样下面的虫子再也上不去,上面的再也找不到回去的路。这一切准备就绪后,我们就可以看到一幕有趣的景象在眼前展开了:

一群毛虫在花盆沿上一圈一圈地转着,现在它们中间已经没有领袖了。因为这是一个封闭的圆周,不分起点和终点,谁都可以算领袖,谁又都不是领袖,可它们自己并不知道这一点。

丝织和轨道越来越粗了,因为每条松毛虫都不断地把自己的丝加上去。除了这条圆周路之外,再也没有别的什么岔路了,看样子它们会这样无止境地一圈一圈绕着走,直到累死为止?

……

松毛虫们继续着它们的行进,接连走了好几个钟头。到了黄昏时分,队伍就走走停停,它们走累了。当天气逐渐转冷时,它们也逐渐放慢了行进的速度。到了晚上十点钟左右,它们继续在走,但脚步明显慢了下来,好像只是懒洋洋地摇摆着身体。……第二天早晨,等我再去看它们的时候,它们还是像昨天那样排着队,但队伍是停着的。晚上太冷了,它们都蜷起身子取暖,停止了前进。等空气渐渐暖和起来后,它们恢复了知觉,又开始在那儿兜圈子了。

……

第六天……这时盆沿上的毛虫队已不再是一个完整的圆圈,而是在某处断开了。也正是因为有了一个唯一的领袖,才有了一条新的出路。……实验的第八天,由于新道路的开辟,它们已开始从盆沿上往下爬,到日落的时候,最后一只松毛虫也回到了盆脚下的巢里。

毛毛虫在盆沿上爬了8天,就是因为它们的"线性思维",或者说是"一根筋的思维"。

图 1-8　毛毛虫是怎样饿死的

在低维情况下的另一案例,是理论家们假想出来的二维动物——如果世界上存在二维动物,那么它们根本不能吃东西,否则就会被消化道劈成两半(无论它长得像鸟,还是像其他动物,下场都一样)。

幸亏动物是三维立体的,才避免了被活活饿死的尴尬——增加一个维度,就能解决低维的困境。

图 1-9　不能吃东西的二维动物

资料来源：引自加来道雄（Michio Kaku）的著作《超越时空：通过平行宇宙、时间卷曲和第十维度的科学之旅》（*Hyperspace: A Scientific Odyssey Through Parallel Universes, Time Warps, and the 10th Dimension*）。

人类生活在三维空间中，但仍有自身的困境，能否通过增加维度来解决呢？比如，从一个立方体内的一点 A 到立方体外的一点 B，必须穿过立方体的表面（如果我们限于三维空间中）。但是，与平面情形相类似，如果我们利用一下第四维，那就不必穿过立方体表面了（见图 1-10）。

也许有人会问：立方体中的 A 点怎么就到了外面的 B 点？不知道，反正在另一个时间点上，它出现在 B 点！听上去无厘头吗？回想一下前文四维的模拟动态图 1-6，只要它能利用时间维度"动"起来，里面的就到了外面，外面的就到了里面！

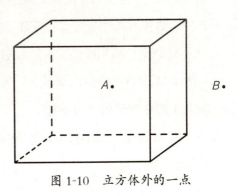

图 1-10　立方体外的一点

这个世界，没那么简单

这还算简单的，在科学史上对维度的研究比这复杂得多，而且不断增加维度似乎是一种常态。

布赖恩·格林（Brian Greene）在《宇宙的结构：空间、时间以及真实性的意义》（*The Fabric of the Cosmos: Space, Time, and the Texture of Reality*）一书中提到这样一段历史：1919年，爱因斯坦收到了一篇论文，这篇论文出自当时还没有什么名气的德国数学家西奥多·卡鲁扎（Theodor Franz Eduaqrd Kaluza）之手。卡鲁扎恳请爱因斯坦和物理学家们接受宇宙有四个空间维度的可能性。他怎么会有这么古怪的想法？爱因斯坦为什么没直接把这篇论文扔进垃圾堆呢？原因在于卡鲁扎发现爱因斯坦的广义相对论方程在更高维度宇宙同样适用，而且在高维宇宙中扩展后又有了一些新的方程；更奇怪的是，这居然就是19世纪麦克斯韦发现的用以描述电磁场的方程！宏观世界和微观世界的原理就在增加一个维度后出现了统一的迹象！

过了几十年，卡鲁扎的这个古怪想法逐渐由其他研究者演化为弦论，似乎要求有九个空间维度。为什么是九个？由于弦论中的方程要求某些条件能被精确地满足，这在三维、四维、五维、六维、七维、八维甚至七千维中都无法实现，但在十维时空（九维空间加一维时间）中却能被完美地满足！

到了1995年，弦论学家爱德华·威滕（Edward Witten）发现还少了一个维度，因为人们在20世纪七八十年代使用的是近似方程，弦理论就出现了五种看似各不相同的版本。威滕发现如果再增加一个维度，就可以将它们统一为M理论，而先前的五个版本都是它的不同组成部分。

图1-11引自《宇宙的琴弦》（*The Elegant Universe*，布赖恩·格林的另一本关于超弦理论的经典著作），它形象地体现了先前五种弦论（图1-11 a）和后来的M理论（图1-11 b）之间的关系。这不是很像盲人摸象故事的"科学版"吗？

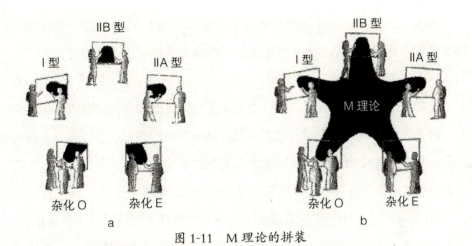

图 1-11　M 理论的拼装

尽管威滕获得的重大发现是与之前的理论研究路数一脉相承的（只是利用额外维度罢了），但是当他在 1995 年的年度国际弦论会议上抛出他的结果时，还是让包括格林在内的整个研究领域的学者感到强烈震动。

由此可见，维度真是个好东西！思维要突围，就要增加维度。"思维"二字本身就包含"维"，或许正意味着"维度"——复杂思维通常是高维度的思维，而且维度的增加常常会带来惊喜。

维度原理在生活中是非常实用的。在新闻学领域，有"5W1H"的说法，即在报道一个新闻事件时常常会包含以下要素：Who（什么人）、When（什么时候）、Where（什么地点）、What（什么事）、Why（为什么）、How（怎么样）。用"5W1H"基本能描述世界上的任何一个事件。换言之，世界上的任何一个事件，都包含这些基本维度。我们不妨把它画成一张图（见图 1-12）。

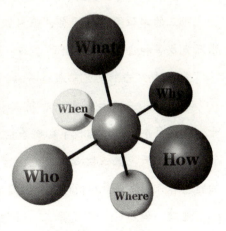

图 1-12　六个维度

2013年，有一个高考状元从香港大学退学，就是因为对该校的教学环境不满意，希望能到北京大学学中文，于是退学后再一次参加高考，这是在"Where"上做文章。

如果上述这些都做不到，那么能否改变心态，把酷暑当作锻炼意志品质的一种手段？这就是改变看待它的方式"How"。比如，2013年的一条社会新闻，南方某高校的学生为抵挡酷暑买了个大冬瓜当抱枕，这种苦中作乐的心态，想必多年之后必将成为他宝贵的人生经历。

所以，在"5W1H"中任意改变一个或几个条件，困境就有望得到化解。高维度的好处是能帮我们从困境中突围，让我们确信："困难年年有，办法总比困难多！"

九龙治水，躺着也中枪

"九龙治水"究竟是好事还是坏事？我们先来讲一个小故事。

张三的单位要选拔干部，张三跃跃欲试。为此，他事先做足了"功课"。张三先找了和自己关系最好的李四，说："咱俩从小一起长大……"

李四说："当然！兄弟我这一票，没问题！"

接着，张三又找了刘一、陈二、王五、赵六、孙七、周八、吴九、郑十……把每个能找的都找了！掰着指头算了算，张三觉得胜券在握！

选举那天，张三信心满满地往台下一坐，满面春风。可是听着唱票，他的脸色越来越白，最后他的得票数是零！

这回，脸白的不只是张三，其他人，刘一、陈二、李四、王五、赵六、孙七、周八、吴九、郑十……统统灰头土脸！他们原本都心存幻想：哪怕张三只得了一票，都可以说是自己投的！

这个故事告诉我们，一旦所有维度都失效，那结果将不堪设想，必然暴露出每一个维度都是缺位的。

还有很多社会事件属于这种情况。

例如，2012年9月的一天下午，湖北省武汉市某建筑工地内，一台施工的升降机在升至距离地面约100米高度的楼顶时发生坠落，梯内19名作业工人随梯坠下，全部当场死亡。

这起重大事故的原因何在？据相关媒体报道，该升降机核定人数是12人，事故现场升降机内有19名工人，属于严重超载。而且按照规定该升降机应由专职操作员操作，但事发时专职操作员还未上班，这些工人属擅自违规操作。

当我们依次排查施工升降机安装厂家、施工单位、工程建设单位、监理单位的责任时，还有一个维度也要引起足够重视：生命是自己的，无论外界环境如何，自己是最后一道关卡，不容失守。逝者安息，生者也当以此为戒。擅自操作升降机，是违反安全生产规定的，但在此次事故之前，该工地的工人一直抱着侥幸心理，以为永远不会出事，这是第一层失守；第二层失守则在于核载12人的升降机，挤进去19人，无疑增添了危险系数。据说当时还有3人因未能挤上这班夺命升降机而幸免于难。

个人是组成社会的细胞，从社会的层面看，它极其渺小，唯有对于每个人自己、对于他的亲友来说，这个细胞才具有足够的分量。所以，即便全世界都背弃了你，你也不能背弃自己。面对各种事故，我们往往为遇难者的不幸而悲伤，甚至因此不愿再去苛责遇难者本人，但这恰恰是事故频发的诸多原因之一，我们远未把自己的责任发挥到极致。

近年来，一再出现极端暴力事件，比如2007年10月重庆公交车纵火案，2009年6月成都公交纵火案，2013年6月厦门公交车纵火案……每个纵火犯的背后都有着或心酸或纠结的故事，因此在惨剧发生后，自然少不了对制度的反思、对人情冷暖的拷问，但有一个维度：一个人再怎样都不应将自己的不幸转化成更多无辜者的不幸，这个维度的声音虽然微弱，但它永远存在。不能因为对施暴者的同情，而把这个维度一笔勾销。

　　按照同一原理，我们要审慎辨析近几年被媒体反复提及的"九龙治水"问题。比如窨井盖归谁管的问题，涉及市政、供电、煤气、自来水、热力、广电、联建、网通、移动、电信、交警、公交、园林等十几家责任产权单位。从原理上说，如果一件事有九龙在治水，说明这件事涉及九个不同维度，维度多并不是坏事。换句话说，"九龙治水"不是问题，"九龙都不治水"才是问题！

　　解决九龙治水问题，并不在于强行责令只能由某一条龙治水，而是引入秩序，即确立谁是龙头老大，然后由这个龙头老大来组织协调。在与每个社会成员自身幸福密切相关的问题上，公民个人就是龙头老大，是最应该对自己负责任的人，也应是最优先的那个维度（至于为什么会是这样的优先秩序，后面会进行分析）；接下来，如果感到自身力量薄弱，不足以应对挑战，就需要主动向外界其他维度寻求配合，这应是龙头老大"组织协调"的题中应有之义。

　　不同维度之间究竟如何相互配合呢？不妨用我们的身体来类比：对于右利手的人来说，用右手可以完成90%的工作，那么右手就是最有效、最优先的那个维度。但假如不幸失去右手，那么左手就会取而代之。如果不幸双手都失去了，那么双脚取而代之。在2010年第一季《中国达人秀》中，失去双臂的刘伟用双脚演奏钢琴，赢得了所有观众的掌声。他在舞台上说："至少我还有一双完美的腿。"这让我们看到了人的潜能是如何被激发出来的，也让我们体验到不同维度是如何相互替代的：当最主要的维度失效时，那些次重要的维度就会承担起失效维度的责任。

　　从上述类比中可总结出三点：

（1）维度有优先顺序，要从最有效的维度入手；

（2）当优先维度完全失效时，应由次重要维度取代成为优先维度；

（3）优先维度难以独自完成任务时，就需要引入更多的维度、更多的力量——这是普遍法则，也是个人和社会向前发展的必然要求。

改革进入深水区，实际上意味着单纯依靠优先维度的阶段已经过去了，尤其需要增加维度——水流湍急的情况下，不能只迈开双腿，更需要手脚并用、全身配合，更需要眼观六路、耳听八方，或与其他人手拉手组成人墙。

近几年，一些领域的改革也显示出了对维度间相互配合的重视。比如2013年6月，乌鲁木齐市发改委推行"AB岗制度"，指的是同一个岗位分别设置两个岗位承担人，A岗指本职工作岗位，B岗为备岗，如果A岗开会或出差，就会有一个"替补"。可见，A岗、B岗就相当于两个相互支撑的维度，"AB岗制度"使群众办事不用跑空趟，这其实就是发挥了多维度的保障作用，是一种符合更高级智慧和未来趋势的尝试。

而且，AB岗的另一个重要意义，就是打破垄断。当某一个人、某一家企业都变得不可替代时，就会产生垄断，有了垄断势必不利于对这个人、这家企业提供的产品进行真实有效的市场估价。

此外，AB岗有助于带薪休假的推进。如果更多的单位能实行AB岗制度，更多人愿意主动在本职工作之外担当B岗角色，那么AB岗的两个员工就可通过协商来相互合作、轮流休假了，既是与人方便，也是与己方便。

两个维度相互补充的关系，同样适用于市场和政府的关系，这是整个社会运行中两个更为宏观的不同维度。

2013年春节期间，由于海南旅游价格疯涨，政府采取了必要措施，对海南旅游饭店客房价格实施政府指导价管理：设置最高限价，标间每间不能超过5 000元，早餐不超过350元，午餐、晚餐不超过500元。本属于市场领域的旅游产品定价要靠行政力量来调控，可见市场自我调整能力不足。当然它背后有原因,即海南作为全国唯一的热带旅游度假目的地,每年春节期间都有大量游客涌入,供需矛盾难以平衡。可见,市场这个维度有可能失灵,在此情况下政府该出手时还得出手。所谓政府退出市场领域,并不意味着自断一臂、自废武功。经过 2008 年的金融危机,很多西方发达国家发现,中国的强势政府模式是有其积极意义的,这恰恰是更多维度带来的保障。

既然存在多个维度,不管权责的界限多么明确,维度之间也必然有相互重叠和交叉的部分,这完全符合世界本来的面貌。在这方面,弦理论或许能给我们一些有益的启示。

从"卡-丘空间"说起

按照弦理论的说法,宇宙的维度可能会有十维、十一维。那么,多出来的那些维度又在哪里呢?这要从最简单的一维和二维说起,先来看《宇宙的琴弦》一书中的一幅图(见图 1-13)。

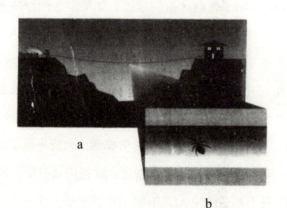

图 1-13 花园中的浇水管

图 1-13 a 表示从远处看,花园的浇水管是一维的。图 1-13 b 表示走近看,水管的第二维(管壁上环绕管道的那一维)就显现出来了,虫子可以沿这个垂直维度爬。这第二维因为尺度很小,所以"卷缩起来了",不容易发现。为了看清它,你得用更高的精度来看这根管子。

这个例子强调了空间维一个微妙而重要的特征:空间维有两种。它可能很大,延伸了,能直接显露出来;它也可能很小,卷缩了,很难看出来。这根水管是空间卷曲最简单的例子。

更为复杂的情况有很多。图 1-14 是卷缩的六维空间的一种形式,这是卡拉比–丘成桐空间(简称"卡–丘空间")的一个例子。

图 1-14　卡–丘空间

这六个卷缩的空间维度相互缠绕,扭曲成一个看起来眼花缭乱的形状。按照超弦理论,宇宙的额外维度卷缩成很多卡–丘空间。也就是说,在寻常的三维展开空间的每一点上,都有可能生出一个卷缩着的六维空间,而这些维度是无处不在的,比如在一张地毯上(见图 1-15)。

图 1-15　地毯上的卡–丘空间

弦理论对于多数人来说是非常深奥的。让我们姑且抛开难以理解的弦理论细节，看看卡–丘空间的形状，它倒是颇有趣味的——当事物之间错综复杂时，我们往往称它为"一团乱麻"，这似乎与卡–丘空间一样。

宇宙的维度复杂得超乎想象，人类世界的维度也毫不逊色。

拿一个简单的社会个体来说，我们经常填写的各种信息表的栏目设置：姓名、年龄、性别、籍贯、民族、身高、体重、特长、职业、职称、健康状况、收入情况、婚姻状况、有无子女、获奖情况……所有这些需要填的项目，都是在提供一种用以衡量人的不同维度。

而且，很多维度也的确纠缠在一起，比如一个人的收入情况，常常和地区、职业、职称、年龄等条件是密切关联的。

社会问题更是错综复杂地纠缠着。

以雾霾治理为例。按照相关研究结果，PM2.5 的污染源包括燃煤、汽车尾气、工业扬尘、餐饮油烟、秸秆焚烧等，而要解决其中的任何一个问题，都会派生出其他一系列的问题。

拿治理汽车尾气排放来说，控制机动车数量，会引起很多购车刚需者的不满；提高油品质量等级，导致油价一路飙升，让消费者颇感吃力；推广新能源车，但充电桩等服务配套的滞后又制约着它的发展；鼓励采用公共交通出行，可是地铁高峰时段人流密集远远超过运载能力；提高高峰时段地铁票价限制客流，又被一些网友吐槽无助于缓解交通压力；限制大城市人口，则被指责城市不够包容……总之，剪不断、理还乱，活生生的如卡-丘空间那般，成了一团乱麻。

再就是中国的养老问题。养老涉及抚养比、养老金替代率、养老金双轨制、退休年龄、养老金来源、养老金的保值增值、不同养老模式、养老和医疗的结合、老年人生活质量……这些问题同样错综复杂。

人口抚养比[1]正逐渐加大。改革开放以来，抚养比一直在降低，劳动的人多了，靠劳动者抚养的人少了，带来了"人口红利"[2]，这是中国在过去30余年实现高速增长的一个重要因素，而如今人口红利正在消失。2013年，抚养比在达到最低值38.3%后出现了"拐点"，此后一直到2035年仍会处在人口红利期（即低于53%的相关标准），不过老龄化趋势也非常明显：2012年底，我国60岁以上老年人占全部人口的比例为14.3%，预测2033年将上升到25.4%，2050年将上升到33.3%，那时的养老压力将非常大。想要降低抚养比，就要允许甚至鼓励多生育，但这会对粮食、环境、教育等都提出更高的要求；农村的生育愿望普遍较强烈，而城市人口由于生活、工作压力太大，生育意愿难以大幅提升，尤其是高学历人群不愿生育，给提高人口素质带来不少困难。

养老金替代率太低，老年人的生活就难以得到高质量的保障；反之，替代率太高，又会使得临近退休年龄的劳动者工作意愿不强，与延迟退休的政策背道而驰。

怎样延迟退休也是一个需要妥善解决的问题。由于人均寿命延长、人口

---

[1] 人口抚养比：总体人口中非劳动年龄人口数与劳动年龄人口数的比值。
[2] 人口红利，是指一个国家人口抚养比低，为经济发展创造了有利的人口条件，整个国家的经济呈高储蓄、高投资和高增长的局面。

结构失衡以及将要面对的养老金亏空，延迟退休是必然趋势；然而如何实施，则需要更细致的考虑。比如，对于体力劳动者而言，身体健康状况未必允许，假如干与不干的收入差别并不太大，更会缺少延迟退休的动力。

上述事关养老的方方面面，不想则罢，一想就令人心乱如麻。当今社会舆论总有一种不太好的倾向，当某个问题有甲、乙、丙、丁等诸多维度时，就相互推诿、来回扯皮，时而说甲重要，时而又说乙才重要……于是就变成了死循环，造成人们认识上的混乱。

在一个复杂的高维系统中，不同维度相互缠绕，甲、乙、丙、丁……每个问题代表的是不同维度，它们互有交叉，但每个维度都有自身脉络，也都应承担各自独特的职责和使命。

用单一标准"快刀斩乱麻"倒是爽快了，却是一刀切式的鲁莽。遇到多维度的复杂事物，我们需要抽丝剥茧的心态：一个蚕茧，是由一根丝缠绕成的立体事物，但它也可以重新被还原成一维的蚕丝，而这项还原工作需要足够的耐心。

就拿"以药养医"问题来说，它为什么不合理？因为医药本身包括"药"和"医"两个维度，却只用一个维度来体现，必然造成评价"失真"，即医生的劳动得不到应有的尊重。几元的普通门诊号有可能被号贩子炒到1000元，让有的医生坦言"甚至有些飘飘然，觉得自己的实际价值似乎很高"。在新医改之前，医生身价无法通过医事服务费得到光明正大的体现，就只好通过多开药、开贵药的方法获取回扣。

为了解决"以药养医"问题，就要把不同的维度区分开来看待：药品费、检查费、医师服务费，它们是几个不同方面——正因如此，2009年新医改提出实行医药分离的改革方向。

这一理论听上去不复杂，其实很多问题都与之类似：不尊重劳动者劳动本身的价值是很多领域的通病，于是拧成了一团乱麻。

比如领导干部的贪腐问题至少有两个维度：一是领导干部手中握有的公权力，二是领导干部自身的劳动价值。公权力的影响巨大，会给掌握权力的人以错觉，认为自己本身就拥有这样的价码；公务员的工资待遇并不能提供与前者相应的社会地位与尊严感，于是贪腐之手就不自觉地伸向公权力，所以，提高公务员待遇，是将这两个维度分开来对待，具有合理性。

而且，要尊重劳动本身的价值、承认不同劳动价值的差异，必然意味着在薪酬设计中拉开差距、分出等级。这其实与"同工同酬"并不矛盾：假如劳动者生产的是螺丝钉，只要大小、尺寸、重量等符合规格就是合格品，这样的劳动是大体相当的，也符合一刀切的适用条件（维度简单的，容易计算的，机会均等的），就应当采用同工同酬的办法。假如劳动者针对的是人，或者有更高的精神附加值，那么就不能简单地一刀切。比如教师的劳动、医生的劳动、领导干部的劳动等，都存在好坏优劣的差别，所以存在工资级别的差异就很正常了。

这个世界没那么简单，不同维度错综复杂、相互纠缠。要解决它们，需要足够的智慧和耐心。

那么，什么时候新维度的解锁才是合理的？

解锁维度，向自由迈进

如果宇宙的维度有十维或十一维，那么为什么我们目前只能看到四维时空？

在《宇宙的琴弦》中有这样的解释：

假定一维直线（如直线王国的空间）上有两个沿同一方向滚动的粒子，

如果两个粒子的速度不同，迟早会有一个赶超另一个，从而发生碰撞。不过我们得注意，假如同样两个粒子随机地在二维平面（如平直世界的空间）上滚动，它们很可能永远也不会相遇。第二个空间维为每个粒子打开了一个新路径的世界，那些路径几乎不可能在同一时刻交汇在同一点。在三维、四维或其他更高维的情形中，两个粒子就更不容易相遇了……如果把点粒子换成缠绕在空间维上的弦圈，类似的结果也会出现。

也就是说，宇宙在大爆炸最初的瞬间，源自极高（然而有限）温度的"骚动"驱使不同维度之间的弦发生碰撞，其中大约一半的碰撞牵涉弦与反弦构成的对，它们相互湮灭，从而不断地解开约束，然后各自膨胀，形成今天四维宇宙的模样。

让我们从深奥的弦理论再次回到现实生活中，很多问题的维度还未被充分打开，因而不能像宇宙那样舒展。至少，宇宙是和谐的，但这个社会还有太多不和谐，说明人类的智慧还未能成功地将某些维度打开。

哪些维度没有打开呢？

比如，为什么北京不能贸然放开竞价拍牌的方式？一个显而易见的原因是：北京作为首都，拥有不菲财富的人很多，如果在制度不健全的情况下贸然竞价拍牌，半年内就会达到天价。假如，所有人的财富都是通过诚实劳动换取的，那倒也无所谓，可惜很多人的钱来路不明，这是历史遗留问题，只要这种不公平依然存在，单纯拍卖、价高者得的方式仍会在理论上受到质疑。

其实价格维度不是不可以有，只是在条件受限时不适宜单独使用。比如，2014年11月，北京法院对查封、扣押的京牌小客车进行网上司法处置，采用"设定最高限价的竞价模式"，以车辆评估价为起拍价，最高限价为车辆评估价的150%（比如评估价为10万元的车辆，最高限价为15万元）。根据规定，在最高限价的范围内，竞买时出价最高者成为"买受人"；如果多人报出最高限价，累计摇号次数最多的人优先；如果多名竞买人累计摇号次数相同，那么摇号注册时间最早的竞买人优先——这样的规定显然是比较合理公正的，可见价格维度在其他维度的配合下逐步解锁仍有空间。

再来梳理一下"养老金"这团乱麻及其解锁条件。

2013年2月，《人民日报》、人民网联合推出的民意调查显示，98%的网民认为废除企业和机关事业单位退休金双轨制的条件已经成熟。民意如此少有地集中，说明民众急切渴望公平。

2014年7月开始正式实行的《事业单位人事管理条例》中规定"事业单位及其工作人员依法参加社会保险，工作人员依法享受社会保险待遇"。

2014年12月，国务院印发的《关于机关事业单位工作人员养老保险制度改革的决定》，对养老金并轨改革"破冰"。改革的基本思路是一个统一、五个同步。"一个统一"，即党政机关、事业单位建立与企业相同的基本养老保险制度，实行单位和个人缴费，改革退休费计发办法，从制度和机制上化解"双轨制"矛盾。"五个同步"，即机关与事业单位同步改革，职业年金与基本养老保险制度同步建立，养老保险制度改革与完善工资制度同步推进，待遇调整机制与计发办法同步改革，改革在全国范围同步实施。

我们应该清楚地认识到，国家养老金制度只是养老的一个维度而已，除此之外如果再建立起一个或几个有效的维度，也能更好地解决中国人的养老问题。

中国人从数千年来"养儿防老"观念到计划生育政策推出时的"只生一个好，政府来养老"的转变，似乎是从一个极端直接走向另一个极端。从理论上说，这是两个不同的维度，相互配合会更好一些。一方面，父母有了退休金，不再过多指望子女养老，传统中的"养儿防老"的理念现在渐渐淡了，这就为缓解人口压力松了绑；另一方面，子女的赡养依然是不可缺少的，老人会因此更幸福，生活质量也会更高。

2013年底，有网友发帖称，每月定存500元，30年后到退休时足可自己养老，比缴社保更靠谱，所以"就不麻烦国家养老了"。很多专家站出来解释，说这个算法没有考虑到通胀风险、物价上涨、工资上涨等因素，同样不靠谱。不过，这个帖子倒是提醒我们，毕竟维度越多越有保障，单一地靠某一方来养老都不够靠谱。所以在养老的问题上，应当由政府该做的，一点也不能少，但自己该做的，同样也不能少。

2014年6月，中国保险监督管理委员会正式发布《关于开展老年人住房反向抵押养老保险试点的指导意见》，也就是俗称保险版的"以房养老"，北京、上海、广州、武汉等四个城市从7月起进行为期两年的试点。根据国外经验，"以房养老"是一项小众的保险，市场反应并不热烈。但不管怎么样，"以房养老"作为现有养老保障体系的一个补充，特别对有房无子女的老人，不失为一件具有现实意义的好事，因为多一种手段，就多一层保障。

另外，养老问题又常常和贫困、疾病等问题密切纠缠，因而政府的养老制度也要和贫困、医疗等维度相互配合。从国际经验来看，除了养老金和医疗保障，应再建一条独立的保障线，即用政府津贴来扶贫。这样，对于真正生活困难的老人，除了养老金、医疗保险、最低生活保障，还有扶贫款等多种方式相互配合，才能共同实现老有所养的目标。

总而言之，要把每一个维度都清晰地理出脉络来，让每一个维度都充分地承担起它的功能，才能让彼此纠缠的维度得以松绑。

现在的中国，存在很多像卡-丘空间那样的一团团乱麻，各种社会问题彼此纠缠。但庆幸的是，我们正在试图一点点地解锁，正在向着正确的方向一点点地迈进。

众多问题中，有一个维度影响深远，严重制约着中国的进一步发展，这就是道德。不过，道德问题已在一定程度上具备了解锁条件，我们甚至期待由此能产生一系列连锁反应。

第 2 课
CHAPTER TWO

请别把灵魂落下

2013年1月，习近平总书记在中纪委全会上强调，要有腐必反、有贪必肃，坚持"老虎""苍蝇"一起打，把权力关进制度的笼子里。随着贪腐打击力度不断加大，一批批官员相继落马。

今后如何防治贪污腐败？究竟使其不想、不敢，还是不能？通常认为是后两者，因为使其不想似乎很困难。然而，使其"不想"却是最有效、最彻底的。能否加固道德防线？怎样加固？我们需要一种新的信仰，它与宇宙秩序息息相关。

灵魂的觉醒

有一则寓言：

一群人急匆匆地赶路，突然，一个人停了下来。旁边的人很奇怪："为什么不走了？"

停下的人一笑："走得太快，灵魂落在了后面，我要等等它。"

随着改革开放的不断推进，我们的日子过得越来越好，但似乎丢了些什么，或许正如寓言中所说，灵魂落在了后面。

在自然科学史上，也有一段与之高度相似的历程。先来看图2-1，您能看出左右两边的区别吗？

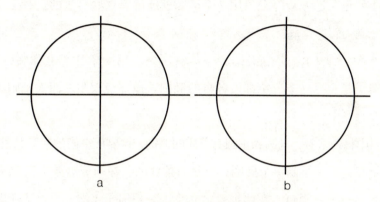

图2-1　正圆和地球轨道椭圆的对比图

其中的差别，肉眼几乎难以分辨：图2-1 a是个正圆，图2-1 b则是地球的椭圆轨道。地球是直径约1.28万千米的球体，与太阳的距离最近约1.47亿千米，最远约1.52亿千米，地球椭圆轨道的偏心率（两焦点间距离和长轴长度的比值）仅为0.016 675。以上天文数字都很抽象，让我们来简化一下：若按比例缩小宇宙，想象地球是一个直径2.5厘米的小球，那么太阳就是距离约300米之外的一个直径2.7米的大球，地球偏离正中心的距离仅约2.5米，所以这个椭圆轨道非常接近正圆。正因为误差很小，所以人们发现椭圆轨道经历了一个过程。

1543年，当哥白尼发表"日心说"的时候，他理所当然地采用了正圆形轨道，因为从亚里士多德时期开始，人们就认为圆周运动才是最完美的，这种形而上学理念受到几乎所有哲学权威的支持而存在了一千多年。不过，人们也发现哥白尼的理论预测数据与实际观测数据之间总是存在一些误差，无法解释。直到后来，开普勒经过仔细的计算，提出地球轨道不是正圆而是椭圆。

这个世界，没那么简单

应该说，天文学上的每一个进展都使人类对宇宙的认知进入一种新境界。托勒密"地心说"需要建立77个圆周才能解释太阳系中各星体的运动，哥白尼改以太阳为中心，一下子使圆周数量减少到31个，而开普勒对轨道形状的小小修正又进一步降至只用7个椭圆就能解释这些行星的运行，宇宙因简洁而充满美感。

开普勒定律（Kepler's Law）一共有三条，第一定律（也称椭圆定律、轨道定律）是：每一个行星都沿各自的椭圆轨道环绕太阳，而太阳则处在椭圆的一个焦点中。

从科学精神来看，椭圆和正圆有着质的差别，这要从它们的数学特性说起。

如果我们用手绘制一个椭圆，方法是这样的：在两个焦点（F_1和F_2）的位置上各自钉上一根钉，在两根钉之间系上一根绳子（绳子长度大于两根钉之间的距离）。然后，用一支笔，把绳子绷紧，在钉的同一侧画出一道弧线；再把绳子甩到另一侧，同样画出一道弧线，两边的弧线合在一起，就成了一个椭圆（见图2-2 a）。

这意味着椭圆轨道上任意一点离两个焦点的"距离之和"始终相等（等于绳子的长度）。用数学语言来表述，也就成了椭圆的"定义"（见图2-2 b）：椭圆轨道上的任意一点，到两个焦点的距离之和相等，即$AF_1+AF_2=BF_1+BF_2$。

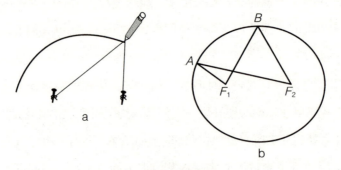

图2-2　椭圆的定义

太阳在椭圆轨道中间的一个焦点上,另一个焦点是"看不见"的。如果我们把F_1视为"物质",把F_2视为"精神",那么就好像物质是看得见的,精神往往是不容易被看见的(见图2-3)。

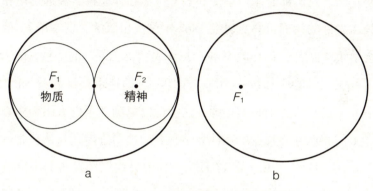

图2-3 开普勒第一定律

而且,正如椭圆定义:一个人离"物质"近了,离"精神"就远了(如前面图中的A点,离F_1近,就必然离F_2远);反过来,一个人离"精神"近了,离"物质"就远了——这可真是人类行为和内心的真实写照呀!

椭圆两个焦点的关系,可以解释几乎所有二元对立的矛盾。

"物质"和"精神"的关系,用中国古人的话来说就是"利"和"义"的关系。如《孟子·梁惠王上》所说:

孟子见梁惠王,王曰:"叟!不远千里而来,亦将有以利吾国乎?"孟子对曰:"王!何必曰利?亦有仁义而已矣。"

可见,利和义就像椭圆的两个的焦点,重利轻义的问题,古已有之。反之,重义轻利的人同样古已有之,典型的表现就是仗义疏财。

"眼前利益"和"长远利益"的关系也如同这两个焦点。注重眼前利益,是以牺牲长远利益为代价的;反之,注重长远利益,就意味着在一定程度上要放弃眼前利益。

这个世界，没那么简单

"发展经济"和"保护环境"的关系也是较为典型的两个焦点的关系。在某个时间的横断面上，片面追求GDP（国内生产总值），就要付出环境的代价，这也是离一个焦点近了，离另一个就远了。

这些年来，我们都能深切感受到人文科学和社会科学被远远甩在了自然科学和技术发展的后面：马克思在1867年首次出版的《资本论》，似乎相当于在社会学领域再次上演1543年哥白尼发表"日心说"的一幕，因为马克思把看似不相关的社会个体统一到同一个中心（即追求经济利益）的体系中，就好像确立了以经济为中心的正圆，这与哥白尼确立了以太阳为中心的系统具有哲学上的相似性，马克思在社会学领域的这项进展比自然科学的"日心说"滞后了约300年。2013年12月，中共中央组织部发布的干部政绩考核新标准纠正了唯GDP论的偏差，就像发现经济不在正中心而在椭圆轨道的其中一个焦点上那样，相当于1609年开普勒第一定律的发表，那么这项进展则又比自然科学滞后了大约400年！

让人欣喜的是，今天的中国已经有越来越多的迹象表明，政府的执政理念正在转向这条更合理的轨道。

广西梧州市每逢春节都会设立一个爱心驿站。由于火车票太难买，飞机票买不起，汽车线路又不顺，自2008年开始，一支返乡摩托车大军（俗称"铁骑"）悄然形成并迅速壮大。作为西部地区与广东相邻最近的梧州市，是返乡摩托车大军回家路上的重要一站。

梧州市的交警设立了爱心驿站，主动引导摩托车驾驶人员到服务站取暖休息，送上免费的热水、姜糖水、面包等，为感冒、头晕、患外伤的农民工免费诊断送药，并给他们的"铁骑"提供义务维修服务，使他们从身体到心理都感受到了实实在在的温暖。

原本设立服务点仅仅是出于管理规范的目的，对来往的车辆进行检查，避免疲劳驾驶，防止交通事故的发生，后来交警发现很多摩托车需要维修，于是联系附近的维修站派专业人员来帮忙；有的民工在路上摔倒，受了轻伤，于是交警联系了市内的医院，让医院在检查点设立简易医疗室；还有很多的民工兄弟带的水和食物不够，于是交警又找到食品店和志愿者中心。

到了2014年春节期间，中石化和中石油也加入其中，提供一次免费加油的服务……慢慢的，检查点变成了服务点，再后来，从部门服务到政府服务，从全市到全省，又从省内到跨省，相邻省市相互配合、互发实时交通信息以告知返乡兄弟……

在这个过程中，我们看到了政府执政理念的可喜变化。

类似的例子在全国各地都有不同形式的体现。2012年4月，西安市相关部门在三环以内350处公厕旁划出出租车及社会车辆免费限时停车位，只要不超过20分钟就不会按违章停车处理，方便广大的哥、司机。这一做法后来也陆续被其他城市效仿。

提供公共服务的事业单位也有了一些可喜变化。2013年4月，北京地铁10号线部分列车晚点，20余乘客没赶上换乘的末班车，地铁站主动给每位乘客30元赔偿用于打车。由于地铁站主动遵循《合同法》《民法通则》的相关规定服务乘客，就避免了事后引起不必要的纠纷。

北京地铁这一做法也不是个案。2014年5月，深圳市面向公众公开征求意见的《深圳市城市轨道交通运营管理办法（征求意见稿）》提到"列车延误8分钟以上须向主管部门报告"及"地铁大面积滞留最高罚款达200万元"，引发社会关注，并于2014年7月举行了相关听证会。

这些生动的社会实践都有一个共同点：政府机关和提供公共服务的事业单位主动付出，不再以多收钱为目的，反而要花钱、花力气。这一做法让人身心愉悦，也让全社会感到温暖，是一种俯身向下的情怀。对于百姓而言，可能很多人会想：早就该这样了！

两千多年前的中国古人颇有智慧，提出了"天人合一"的哲学理念。现在看来，人类社会似乎是遵循着某种和宇宙相同的秩序。因而，当社会变革中出现如此多的困境与挑战，当我们心存困惑的时候，何不仰望星空呢？那里或许潜藏着许多问题的答案！

莫比乌斯带

拿一长条普通纸带，把一端拧一个弯后，将两端对粘成一个环（见图2-4），这就是莫比乌斯带（Mobius band），这种曲面是以一个世纪前第一位研究这种面的德国数学家的名字命名的。

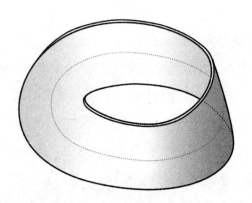

图 2-4　莫比乌斯带

这种面有许多特殊的性质。用一支笔，沿着平行于边缘的中线不停地画下去，使笔不离开纸面。画完之后重新将纸条展开，会看到什么结果？中线会出现在哪一个面上？再或者，拿一把剪刀沿平行于边缘的中线剪一圈，将会怎样？

如果不是亲自动手操作而仅凭想象，您可能会认为，用笔画出的中线只会出现在其中一个面上，但实际情况是两个面上都会有！您也可能会认为，用剪刀沿中线剪开之后，会把这个环剪成两个独立的环，其实不然，得到的不是两个环，而是一个环，它比原来那个长一倍、窄一半！

这真是一件有意思的事：一张纸，有两个面，就是我们俗称的A面、B面，它们完全不搭界。我们常常用"A面、B面"来形容一件事物的两个对立面，意思是说从不同的角度看，它们各有优劣。不过，从莫比乌斯带给我们的启示来看，似乎A面、B面有可能以某种方式成为同一个面；或者说，两个看似相互独立的圈，会成为一个完整的圈！这是事物的A面、B面可能在更高维度融合的一个例子。

回过头来继续讲椭圆的特性。椭圆轨道有两个焦点，这个理念和中国的太极是吻合的，如果我们把太极图和椭圆图相互参照（见图2-5），不难发现它们在理念上惊人地相似。

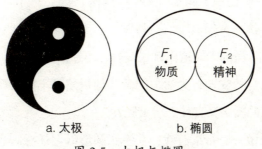

a. 太极　　　　b. 椭圆

图 2-5　太极与椭圆

两个焦点的关系，除了相互排斥之外，还有相互转化的关系，这倒是很符合爱因斯坦的质能转换方程：

$$E = mc^2$$

这个方程中，E 为能量，m 为质量，c 为光速。简单来说，$E = mc^2$ 是相对论中一个众所周知的推论：质量和能量是等效的，两者之间可以互相转换。人们经常使用这个方程计算如果把一些物质转变成纯粹的电磁辐射时会产生多少能量，比如，1千克物质湮灭后产生的能量相当于2千万吨TNT炸药爆炸产生的热量。

　　这个世界真有意思，"物质"和"能量"这两种截然不同的形式，居然可以相互转化，那还有什么是不可能的呢？

　　$E = mc^2$ 这一质能转换方程在人类生活中同样广泛存在。

　　我们可以先对各种事物进行简单的划分，比如属于"物质"的有金钱、房子、车子、股票、基金、宝石、字画、美食、衣服、拎包……属于"能量"的有名望、权力、学识、技能、人脉、信息……还有很多东西既包含物质又包含能量，比如艺术品既有物理属性又有文化属性。它们在更高维度看来，可以是一件事的两个面，没准就是同一件事！

　　2013年9月，安徽原副省长倪发科落马。他有一个特点，就是喜欢玉石，受贿总额中竟然近八成是玉石。据中央纪委监察部的网站报道，倪发科认为："玉石、字画比现金高雅、文明、隐蔽，披上爱好的外衣能掩人耳目，玉石、字画物小价高，保值增值，易保管，易隐藏，即便被人发现，玉石无价，也无法认定。懂的人知道你有这爱好，不懂的人也不知道什么价钱。"

　　为什么倪发科的受贿行为看似隐蔽，却依然逃不出法律的追究呢？这个案件结果对将来的反腐又有什么启示呢？

　　我们不妨来做一个折纸游戏！在一张圆形纸上任意画一个点，将圆周上一点折至此点产生折线，在圆周上不同地方取多个点，重复上述折叠，将会得到什么？仍然是一个椭圆！

　　为什么又是椭圆（见图2-6）？其论证过程如下（对几何不感兴趣的读者可略过此段）：如图所示，折纸时使 A 与 E 重合，即产生折线 DAB，连接半径 OC 与折线相交，得到点 A，作线段 AE，使 $\angle OAD$ 和 $\angle EAD$ 完全相等，同时线段 OA 和线段 EA 也是完全相等的，获得点 E。又因为线段 OC 是半径，$OC = OA + CA$，既然 OA 和 EA 相等，那么 $EA + CA$ 也始终相等并等于大圆的半径，这就符合了椭圆定义（椭圆轨道上任意一个点离两个焦点的距离之和始终相等），因而所有 A 点的集合就是一个椭圆。此外，∠OAD 和 ∠BAC 是对角，也完全相等，这意味着直线 BD 恰是椭圆的外切线，A 为切点。因此，所有 A 点集合成的椭圆必然也是由所有折线包络而成的。

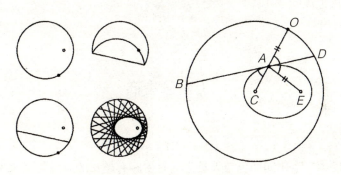

图 2-6　椭圆和低语高响墙

这说明了椭圆中这两个点被称为"焦点"的原因：若把椭圆的内面做成一面镜子，则从其中一个焦点发出的每一道光线都会经过另一个焦点，即经过椭圆形镜面发生反射。这一原理，也就是聚焦镜和低语高响墙的原理：在一个焦点放置一支蜡烛，热量会集中在另一个焦点上；若你在一堵椭圆形墙的一个焦点处低语，而你朋友站在稍远的另一焦点处，可以清楚地听见你的话语内容。

倪发科受贿所得的玉石和字画，也可以这样解释。事实上，当人们收取非现金类的礼品时，往往会不由自主地将其以市场价格来衡量，这就像两个焦点之间"低语高响墙"的效果。看来，倪发科本来想"悄悄地进村，打枪的不要"，自以为神不知鬼不觉，结果证明他只是掩耳盗铃、自欺欺人罢了。

但凡贪污腐败和权力寻租，无非是用手中无形的权力来换取有形的财富。由于这几年打击贪腐力度的不断加大，贪腐形式也从直接收受钱财和银行转账，转变为玉石、字画、会员卡、打麻将等诸多穿着马甲的形式，还有利用行贿受贿代理人，由亲朋好友、专家学者、退休干部等代理接受贿款、支配贿款，令人防不胜防。从客观原理上说，这是"有形"和"无形"两个世界之间的沟通和转化，看上去的确"一切皆有可能"。不过，真想查，哪有查不出来的道理？我们不必因此绝望，这个宇宙的秩序自有安排（在后边的章节将继续讨论该问题）。

上帝分蛋糕

开普勒第二定律同样也与人类生活有着颇有趣味的对应关系（见图2-7）。

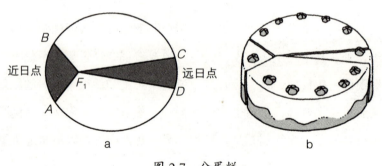

图 2-7　分蛋糕

图 2-7 a 的意思是，在地球围绕太阳公转运行的过程中，存在近日点和远日点；地球每年1月初经过近日点附近，7月初经过远日点附近。地球公转速度并不是匀速的，而是在近日点附近快一些，远日点附近慢一些。如果给出同样一段时间（比如一个月），那么地球在近日点附近会走过从 A 到 B 的距离，但在远日点附近只能走过从 C 到 D 的距离。

如果我们把太阳所在的这个焦点视为"物质"，把与之对应的另一个看不见的焦点视为"精神"，那么这又好像我们在围绕物质奔跑的时候，干劲十足，但精神追求却显得匮乏。

不过，尽管速度不同，但同样一段时间内扫过的扇形面积是完全一样的！这是宇宙另一惊人的美：一个动点（地球）围绕一个相对静点（太阳）转动，离两个焦点的距离之和始终相等，尽管有时快有时慢，但扫过的扇形面积又相等！要怎样的智慧才能设计出这样简单而复杂的轨道来呢？

图2-7 b的意思是：如果我们把这个"扇形面积的大小"视为一个人在围绕物质或精神团团转时所获收益的大小，就好像分切一整块蛋糕一样，那么它意味着：尽管在追求精神的时候，人似乎走得很慢，但总体的"收益"却丝毫不少！

这在现实中很容易找到印证。比如，我们都知道，在条件允许的情况下，就应该让孩子上学、上大学、上好的大学，这就是通过精神方面的投资来获得经济回报。精神方面的投资是长线投资，它是无形的，虽然貌似占用甚至浪费时间，但却事半功倍，在实际效果上提高了自己时间的"含金量"，总体上的收益一点也不小。

这本属于常识，但近些年却受到了挑战。比如中国正在崛起的新蓝领群体，中等职业学校毕业生的就业率能达到95%，这个比例超过大学生就业率。于是社会上出现了一种论调，认为读书无用。也有人将其作了极端化的比喻，即"博士点钞"：银行只需一个高中毕业生数钞票，但博士都抢高中生的岗位，那么博士点钞就是教育的浪费，因此应当警惕过度教育。有关数据指出，在北京、上海等一线城市，学历越高，教育过度率越高。比如，研究生以上教育过度率是58%，甚至达到60%，本科生教育过度率降10%～20%，专科生又再降10%～20%。

那么，如何看待这种争论呢？显然，就业的问题也是一个涉及多个维度的问题：

（1）职业教育也是教育，也要学习技能，所有的技能都具有某种精神价值，这同样符合向上流动的正常规律（即将进行的高考制度改革分为学术型和技能型两种方向报考，即对此问题给予重视，给不擅长学术的人提供向上的通道）。

（2）教育程度普遍是水涨船高的。如果说现在的大学生不如以前的大学生那么容易找工作，那是因为整体学历上升了，所以才要通过考研、考博、出国留学等方式继续学习，甚至终身学习，如同逆水行舟，不进则退。

（3）为什么每个时代都需要人们学习更多的知识，导致逆水行舟的压力始终存在？因为知识和技能是宝贵的财富，是改善生活的手段，否则人类将永远停留在原始社会。

（4）如果说现在硕士生的工资待遇和本科生差不多，那是有可能的，但这是眼前利益和长远利益的比拼，硕士生总体上会更有后劲，将来能体现出更大的优势。

（5）如果说本科毕业生认为自己混得还不如专科生，这是市场需求的某种反应，大学教育者应该反思教些什么，大学生自己也要更加明确学习目的，根据市场需求来调整学习内容。

（6）并非每个人的智商、学习能力和心态都适合考研、考博、出国留学，但教育的目的是为了充分开发每个人的心智和潜能，开发越充分就越有可能创造幸福生活，所以"过度教育"是个伪命题，是产业结构落后在拖后腿，使得知识无用武之地，主要过错不在教育太多了，而是教育的作用尚未充分体现出来。

（7）从椭圆轨道"分蛋糕"可获得启示，仅就体力劳动和脑力劳动的区别这个单一维度而言，越难的脑力劳动，参与者越少，由于物以稀为贵的市场法则，越偏向脑力劳动，其劳动价格越高，这仍然是经得起市场检验的常识。

总之，从天理来看，一切自有安排。开普勒第二定律对"分蛋糕"的启示，或许有比这更为广阔的适用范围。

中国之所以在三十多年来让 GDP 占据神坛，也是有其客观原因的：改革开放前夕，中国的生产生活物资严重匮乏，能否生存成为首要问题，所以要率先发展经济，这毕竟是物质基础。而在经历了三十多年的经济发展之后，这种唯 GDP 的观念仍有一定惯性，也与另一个原因有关，即 GDP 容易计算，容易考核，每一点进步都能实实在在地被看见，而精神文明、民生工程、环境保护等指标，则很难做到量化，因此被弃之不用。

那么，现在废除了唯 GDP 论，考核方式变得更复杂了，如何使它更符合科学精神呢？我们是否能从开普勒原理中提炼出一些数学模型，用以考察经济指标和其他隐性指标的关系？

例如，既然两个焦点能够相互转化，那么经济发展带来的环境污染，需要花费多少钱才能恢复成原样？又要耽误今后多少年的综合发展？这笔账是否应该从目前的经济指标中进行扣除？现在提倡的"绿色 GDP"的确也是这样计算的，其公式为：

绿色 GDP = GDP 总量 −（环境资源成本 + 环境资源保护服务费用）

又如，有些指标实在难以用金钱来衡量，那么是否可以采用排名的方法？经济总量可以排序，经济增幅可以排序，那么，诸如环境保护之类的指标，是否也可以进行相对的排序？包括总体环境最好的排序，环境恶化幅度最小的排序……然后放到同一个系统中衡量，最终给出一个综合值。

又如，衡量一部电影的好坏，涉及票房和口碑两个方面，也像椭圆的两个焦点一样。随着中国电影市场的成熟、观众消费习惯的养成，很多烂片获得了不错的票房却被口水淹没，也不乏非常好的艺术片，由于宣传、排片等问题未能引起足够的关注。能否利用上述原理设计出某种更为合理的统计模型，把影片的经济拉动和艺术价值纳入同一个衡量体系，然后再进行排序呢？毕竟，多数观众还是喜欢既叫好又叫座的电影。

在更广阔的领域，把付出折算成某种收益，这种关于椭圆两个焦点的换算方法，对全社会中各行业应当是普遍适用的。期待有一天，公益慈善、技术帮扶等都能成为考核党政官员、企事业单位及个人业绩时不可或缺的组成部分。

中国需要顶层设计，而关乎两个焦点之间均衡的数学模型也许是最基础、最通用、最迫切的顶层设计！

时间都去哪儿了

椭圆轨道还有哪些启示？

早在数千年前，人们就已发现圆形、椭圆形、抛物线、双曲线等各种曲线都可以从圆锥体的截面来获得（见图2-8）。

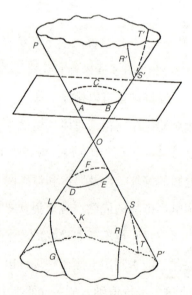

图 2-8 克莱因的光锥

有意思的是，斯蒂芬·威廉·霍金（Stephen William Hawking）曾

在《时间简史》(*A Brief History of Time*)中把宇宙时空画成同样的两个顶点相对的光锥（见图2-9），看来它们有着某种神秘的哲学联系。

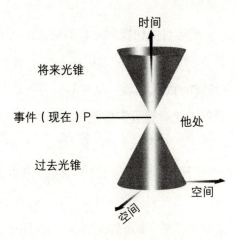

图 2-9 时空光锥

如果说，时空光锥上的一个"正圆截面"意味着"时间相同，空间不同的点的集合"，那么"椭圆截面"又意味着什么呢？在椭圆中，两个焦点分别处在什么位置上？显然，它们所处的空间不同，时间也不同，因而椭圆像是构成了某种"时－空结构"。

这让人联想起开普勒第三定律（也称调和定律、周期定律），我们先来看一组数据，您能从表 2-1 这几组数据中找到规律吗？

表2-1 6颗行星的公转周期及与太阳的距离

行星名称	公转周期（T）	太阳距离（R）
水星	0.241	0.387
金星	0.615	0.723
地球	1	1
火星	1.881	1.524
木星	11.862	5.203
土星	29.457	9.539

这个世界，没那么简单

开普勒在提出第一定律和第二定律之后，并不满足已取得的成就，感到自己远远没有揭开行星运动的全部奥秘。他相信，还存在着一个把全部行星系统连成一个整体的完整定律。

古人给了他启示，行星运行的快慢同它们的轨道位置有关，较远的行星有较长的运行周期。开普勒确信行星运动周期与它们轨道大小之间应该是"和谐"的。他要找出其间的数量关系。他并不知道行星与太阳之间的实际距离，只知道它们距太阳的相对远近。他把地球作为参照标准（因此表2-1中地球的数值都是1）。这么一堆乱七八糟的数字能反映出什么规律呢？

像做数字游戏一样，开普勒不断地对表中各项数字作各式各样的运算：把它们互相乘、除、加、减；又把它们自乘；时而又求它们的方根……苦战9年之久，经过无数次失败，他终于找到一个奇妙的规律，用简化的方程式表示如下：

$$R^3 = kT^2$$

按照这个方程式，开普勒第三定律可以表述为：围绕以太阳为焦点的椭圆轨道运行的所有行星，其椭圆轨道半长轴的立方与周期的平方之比是一个常量。这里，R 是行星公转轨道半长轴，T 是行星公转周期，K 是常数，K 的大小只与中心天体的质量有关。

至此，开普勒三大定律建构完毕，行星的复杂运动立刻失去了神秘性。这三大定律成了天空世界的"法律"，后世学者因此尊称开普勒为"天空立法者"。

有意思的是，半长轴 R 是一个空间距离概念，而行星公转周期 T 则是一个时间概念，开普勒第三定律揭示出两者的二次方和三次方有着相关性。这意味着什么呢？

在《宇宙的琴弦》中，讲了这样一个故事：

让我们想象有辆不那么现实的汽车，能很快达到省油速度160千米/小时，然后保持这个速度，不快也不慢，最后突然刹车停下来。然后，我们找来了一位具有高超驾驶技艺的赛车手，请他在广袤平坦的大沙漠上一条笔直的路上试开这辆汽车。从起点到终点，路线长 16 千米，汽车 6 分钟（1/10 小时）就能开过去。

令人困惑的是：尽管多数记录的时间都是 6 分钟，但最后三次却长一些：6.5 分、7 分、7.5 分。起初大家怀疑是机械故障，但是，认真检查后却发现汽车没有一点儿问题。直到后来询问了赛车手，才发现真正的原因：在最后三轮，天近黄昏，车从东头开向西头，赛车手的眼睛正对着落山的太阳，于是把车开偏了一点儿（见图 2-10）。

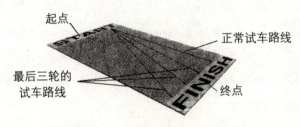

图 2-10　沙漠上开车的不同路线

换句话说，当路线偏离一个角度时，160 千米 / 小时的速度有一部分耗在了从南到北的方向上，于是从东到西的速度就慢了一点儿，从而经过这段路线的时间会长一点儿。

这是一个不难理解的生活常识，不过，爱因斯坦却发现，这种"运动在两个方向上分解"的思想，正是狭义相对论一切惊人的物理学事实的基础。不光是"空间维"分解运动，"时间维"也能"分享"运动。总之，爱因斯坦经过复杂的研究证明，在过去似乎分离、绝对的"空间"和"时间"的概念，实际上是"相互交织的"，是相对的。爱因斯坦还证明了，世上的其他物理性质也是出人意外地相互关联的。2014 年上映的好莱坞科幻片《星际穿越》(Interstellar)，就提到了时间维和空间维的某种关系，其中的多数原理是有科学根据的（当然也有些原理有待进一步研究）。

让我们回到开普勒第三定律的话题上，椭圆的半长轴的立方与公转周期的平方之比是个常量，前者是空间单位，后者是时间单位，这里面究竟有什么哲学意味？如果我们把公式略作变换，如下：

$$(X^2)^3 = k(X^3)^2$$

其中 $R = X^2$，$T = X^3$，那是否意味着 R 代表经 X 的二维结构，T 代表同一个 X 的三维结构呢？当然，这是一个很复杂的科学问题，需要专业人士来为我们揭开谜底。

无论怎样，时间都去哪儿了？时间转化成了空间，空间转化成了时间，这倒是不难理解。

举个现实的例子。家长们都担心孩子输在起跑线上，说白了就是怕别的孩子抢跑，因为"一步占先机，步步占先机"，不如让自己孩子也抢跑，这就是"用时间换空间"。

怎样抢跑呢？花钱报各种补习班。在某种意义上，钱与生活空间大小密切相关，钱多意味着生存空间较大，钱少则生存空间较窄。花钱报补习班，就意味着挤占其他消费空间，为孩子争取抢跑时间，这又是"用空间换时间"。

那么家长的钱，或者说这个生存空间又是如何得来的呢？是家长们自身花时间工作一点点挣来的，朝九晚五地上班，把时间卖给老板，由此换来工钱……这又意味着"用时间换空间"，如此循环往复。

尽管我们鄙视甚至仇视富二代，但有一点必须承认：富一代也曾经奋斗过，从更大的格局观来看，富一代倒好像是富二代的"上辈子"，这里面仍是有一定公平性的（尽管富一代的钱未必来得光明正大，但这是另一个维度的问题，不能简单混为一谈）。

中小学生减负的问题，也是一个"时间去哪儿了"的问题。

2013年8月下旬，教育部新拟定的《小学生减负十条规定》（征求意见稿）第一次在全社会公开征询意见。"十条规定"的要求非常严格，其中写着"小学阶段不能留书面作业"。

这项看上去充满善意的政策，却引来不少质疑。有家长表示要给孩子在外面报几个辅导班，因为没有家庭作业了，孩子回家除了玩电脑游戏就是看电视，家长上班没时间，谁来监督孩子的学习？也有教育工作者坦言："学习有一个消化、复习、巩固的过程，将这些要求全部压缩在十分有限的课堂教学上，效果会大打折扣。家庭书面作业起到温故知新的作用，尤其是对于高年级学生而言，适当而有针对性的书面作业，有助于学生对知识的消化和巩固，有助于老师和家长了解孩子的学习情况。没有书面作业和考试的检测，家长会不放心，会在课后让孩子去上各种类型的补习班，反而增加了孩子的负担。"

到了9月初，《小学生减负十条规定》在做了相应修改后第二次向公众征求意见，将相关内容修改为"一至三年级不留书面家庭作业，四至六年级要将每天书面家庭作业总量控制在1小时之内"。

其实，给小学生减负的初衷是好的，但它也有现实的困境和矛盾。小学生课业负担沉重的问题，真正的出路在于：把减负从一刀切变成针对每个个体，要尊重学生和家长的意愿。何不把做不做作业、做多少作业的决定权下放给孩子和家长呢？教育部可以规定一个作业量的上限，老师可以在这个限度内布置作业，但孩子和家长可以自主决定是否完成作业！毕竟，一分耕耘一分收获，付出和回报成正比。

网上有个帖子，说大多数人的努力程度很低，远远轮不到拼天赋，这是有道理的。抱怨社会分配不公时，与其问别人"我的生存空间在哪里"，不如先问问自己"我的时间都去哪儿了"。

中小学生减少作业量之后，多出来的时间应该去哪儿？学校方面，不能早早地放学了事，不如把灾害应急避险、急救知识培训、防恐防暴等课程都纳入到教学体系中，再给孩子提供一些兴趣爱好的课程。教育的重要功能，不在于把每个人都培养成精英，而是要帮助每一个学生找到自己赖以生存、体现价值的专长，为将来的社会公民找到能量释放的出口，如此社会才能真正和谐。

回头是彼岸

行星轨道为什么不是双曲线或抛物线？从宇宙中其他星体的轨迹看，也有非椭圆轨道的，比如彗星。

大家知道，彗星也曾被称为扫帚星，因为天空突然出现一颗大星，后拖拽长尾，在科学不发达的年代，往往引起人们的恐慌。后来，人们发现彗星同样是有既定轨道的，其中有些也是椭圆轨道，比如哈雷彗星，只不过其偏心率比行星大得多（即椭圆形状扁得多），每76年才在地球附近出现一次；另有一些则是抛物线或双曲线，它们的确有可能在行进中撞上其他星体，因而很像一颗灾星。

于是，行星椭圆轨道的好处就体现出来了：椭圆轨道有两个焦点，它是定期回归的，在这个轨道上已基本扫清了障碍；而抛物线和双曲线都只有一个焦点，其轨道是一去不复返的，前方道路上可能有更多难以预料的障碍。

生活中只有一个焦点的情况很多，比如有的人爱财如命，或者有些人废寝忘食，不注重健康，都是一去不回头式的道路，这样生活的人可能会遇到更多未知的风险。

生活有两个焦点，才是一种长久、健康、安全的轨道，才能更长久地生存。虽然无法避免中间有些天外来客闯入，但至少概率上比前途未卜的双曲线和抛物线要小得多。

因此，一个人的工作再忙，都要定期体检，这是为了将来更好地工作；

一个人再想挣钱养家,也要尽量花时间陪伴家人,否则亲情就难以弥补;一个人再贪图安逸享乐,也要学会奋斗,否则容易坐吃山空……这些都是老生常谈的话题,我只想说:人类似乎遵循着和天上的星辰同样的法则。

当然,轨道也不是一成不变的,有些原本呈抛物线轨道的彗星,在靠近质量很大的星体时可能被捕获,于是转变成椭圆轨道。

这就像有人原本是工作狂,忽然得了一场大病,才发现健康如此重要,于是进入了一种更平衡的状态;也有人可能原先毫无理想、浑浑噩噩,忽然哪天巧遇机缘、得道开悟,然后抖擞精神、自我超越,凡此种种的可能性都是存在的。

关于轨道的形状,还有一个更重要的问题:通过地球仪,我们很容易理解一条直线绕地球一周之后就是一个圈,而不是直线。就现在的航天技术来说,无论把卫星或探测器发射到哪里,都要走曲线,这一点大家都非常熟悉。那么,为什么行星、彗星等的轨道统统是曲线,而不能是直线呢?

图 2-11 是爱因斯坦打的一个比方:就像在一张橡皮膜上放一只保龄球,空间结构因大质量物体的存在而发生扭曲。

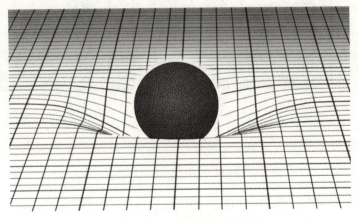

图 2-11 橡皮膜上的保龄球

这个世界，没那么简单

假如我们以一定的初始速度在膜上放一粒小滚珠，则它滚动的路线依赖于膜中间有没有球。如果没有球，膜还是平坦的，小珠子会沿一条直线滚过去；如果有球，膜被扭曲了，小珠子将沿着曲线滚动。实际上，如果忽略摩擦，我们可以让小珠子以适当的速度和方向滚动，它可以沿一条回归的曲线绕着中间的球滚动——就是说，"它滚进了轨道"。显然，这个例子可以用来说明引力的作用。在爱因斯坦看来，把地球"绑"在轨道的"引力绳"上，并不是太阳神秘的瞬间作用，而是因为太阳的存在所导致的空间弯曲。

那么，爱因斯坦为什么会产生这样天才式的想法呢？这源于他曾做过的一系列的理想实验。所谓理想实验，就是无法在现实中操作、只能依靠头脑想象和推理来完成的实验，图2-12所示的升降机实验就是其中之一。

图 2-12 升降机实验之一

爱因斯坦设想，在远离地球和星体引力影响的自由空间，有一个升降机。现在，假设升降机由于某种外加的力而以不变的加速度 a 朝着一个方向运动。设想有一束光穿过一个侧面的窗口，水平射进升降机内，随后在极短的时间之内就射到对面的墙上。此时，有两个观察者分别站在升降机内和升降机外，他们站在各自的立场上，对升降机内所发生的现象可有以下两种不同的解释：

如图 2-12 a 所示，升降机外的观察者认为，升降机做加速运动，光线射进窗口之后是以不变的速度水平地沿着直线向对面的墙上射的。但在一段时间内，升降机由于朝上运动而改变了位置，因此光线射到的点比入射点稍低一些。所观察到的现象只需通过"相对运动"来解释。

如图 2-12 b 所示，则有不同解释，升降机内的观察者认为，他所在的升降机不是在做加速运动，而是处在静止的引力场中，光线不是沿着直线，而是沿着稍微弯曲的曲线行进的。道理很简单，根据质能方程，光也有质量（$m = E/c^2$，m 为质量，E 为能量，c 为光速），因此光线也受引力作用，像苹果落地一样，在极短时间内往下掉落了一段距离。

这两种解释显然都是可以的，它们具有等效性。于是爱因斯坦认为"光线在强引力场中将沿曲线传播"，并精确地预言：遥远的星光如果掠过太阳表面将会发生 1.7 秒的偏转。1919 年，在英国天文学家爱丁顿的鼓动下，英国派出了两支远征队分赴两地观察日全食，经过认真的研究最后得出结论：星光在太阳附近的确发生了 1.7 秒的偏转！广义相对论的预言得到证实，爱因斯坦从此名声大噪。

由于上述复杂的原因，我们知道在宇宙中没有直线形态，都是走曲线的。

回到现实生活中来，很多人依然在试图走直线。大家常说的"人的欲望是无止境的"，就可以被形象化地画成一条"向两端无限延伸的直线"。可惜，这是欧几里得几何和牛顿经典力学的思维方式，仍停留在爱因斯坦广义相对论之前。

人生不也是这样吗？假如我们要画出一个人圆满的生命历程，那也将是一种曲线（见图 2-13）。

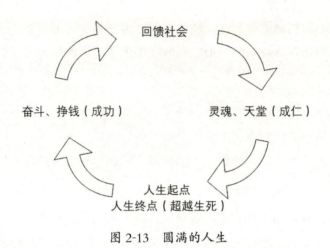

图 2-13　圆满的人生

一个人从圆圈底部的人生起点开始，通过奋斗、挣钱，获得某种意义上的"成功"；如果他再继续向前走，就需要做一件事：回馈社会。无论采取什么样的方式，把善款捐赠给灾区、教育、医疗、社会保障等领域，都会在内心获得成就感、满足感，甚至因此"活"在更多人的心里，并得到别人的尊重和认可。这种尊重和认可将进一步反作用于内心，由此获得安宁和幸福，有如进入天堂一般。因此，回馈社会的人必有回报：在完成生命轮回、走到人生终点时，能够在某种意义上超越生死。

不论怎么看，回馈社会都自有它的价值，比尔·盖茨等世界级富豪就以自己的行动向全世界树立了榜样。可是为什么依然有那么多富人挥霍浪费、穷奢极欲、为富不仁呢？或许，即便是所谓的"科学"或"常识"，也要经历一个认识的过程。

有些富人较少体验到由助人而带来的心理回报，反而是挥霍浪费，以获得一种自我满足和膨胀，而且这也是目前社会的普遍现象，不以挥霍为耻、反以浪费为荣、未能把慈善榜放在比富豪榜更重要的位置上。从宇宙的尺度看来，这样的直线思维恐怕是有很大局限的。

关于中小学生减负的问题，最根本的出路也与此有关：学生课业负担太重，主要根源在于人们生活目标的偏差，"人往高处走"的思维长期占据主导地位，而"俯身向下"却是这个时代稀缺的情怀。这种缺失是精神维度未能充分开掘的表现，也是椭圆两个焦点的联动评价机制未能确立的结果。于是，幼升小、小升初、中考、高考、研究生入学考试、公务员考试、各种企事业单位招聘……中国人的每次考试俨然已成为一场场激烈的资源争夺战，每个人都被金字塔顶端的巨大诱惑所吸引，都希望自己或子女能占据这个位置。在经历数轮竞争之后，"穷者愈穷，富者愈富"的马太效应又加剧了资源错配，财富固然向少数富人集中，但富人们却也未必幸福，穷人则更不幸福，于是整个社会的幸福指数并不高。

按照比较理想的模式，社会中人尽其才、各尽所能，因此必然存在社会分工和等级秩序。位于金字塔顶端的人，应当具有更多俯身向下的情怀，主动将更多能量向下释放。与此同时，对于金字塔底端的人来说，看到富人必须承担的责任，就会在一定程度上降低盲目向上的冲动，最终找到自身在社会中最合适的位置。

在这种更理性的相互博弈中，我们能看到亚当·斯密所说的"无形的手"在劳动力市场上发挥作用，使得劳动力价格回归理性，即以正常价格出售，也就是每个人找到最合适自己的位置。

常言道，"苦海无边，回头是岸"，无论个人幸福，还是社会和谐，都将在灵魂的觉醒中得以圆满。

触动灵魂的时刻

相信在未来的中国，公益和慈善将在社会中扮演越来越重要的作用。厉以宁在《股份制与现代市场经济》中指出：

社会上有这种信念、社会责任心或对某种事情有感情的人越多，个人自愿缴纳或捐献的数额就越多，道德力量对缩小社会上收入分配差距的作用也就越大。在现阶段，社会上可能只有少数人自愿转移出一部分收入，从而对缩小收入差距的影响很小，但从长期来看，道德力量对于缩小收入分配差距的作用是会逐渐地（尽管是缓慢地）增大的。

那么，为什么说这种力量将会逐渐地增大呢？这里面的逻辑相当合理。

我们常常把社会财富的分布视为金字塔形状，这与达尔文进化论是颇为相似的。达尔文的进化论，把整个生物界按照能量等级来划分，微生物、植物、食草动物、食肉动物、人类由低到高排列，高级的生物从低级生物那里摄取能量。不过，再高级的动物，死后也会被最低级的微生物吃掉，于是重新进入整个自然界的能量循环。这真是一个深刻的观点。

马斯洛或许是受到了达尔文的启发，将"人的各种需求"也描绘成"金字塔"的形状（见图2-14）。

马斯洛说，人的需求不论如何五花八门，归纳起来也只有五种最基本的需要，它们由低到高分别是：生理需求→安全需求→社会需求→尊重的需求→自我实现的需求。马斯洛充分论述了这五种需求之间的递进关系，即低层级需求对于高层级需求的基础作用，只有低层级需求满足之后，才会产生高层级需求。

马斯洛指出，并没有一种所谓的终极幸福状态，使人愿意沉湎其中，不再产生新的需求。他说："有大量的事实表明，如果你喜欢钓鱼或者听贝多芬

图 2-14　马斯洛需求层次（5 层）

的音乐，于是决定隐退，整日沉浸在娱乐中，那么你最终还是会感到痛苦。当然，你在做这些事时也能够体验到真实的幸福，但是你不可避免地会感到厌烦……我们应该理解，永无休止地寻求越来越大的快乐是人的天性。"

中国有句古话，叫作"仓廪实而知礼节，衣食足而知荣辱"，物质生活水平的提高，恰恰是精神维度解锁的重要基础。古代很多官员有着贪污受贿的冲动，是有着现实原因的：那时候物质非常匮乏，官员利用手中权力敛财，是为了维持自身生活、为家人谋福利、为家族繁衍创造条件。毕竟，让自身基因得以延续，是任何一种生命的本能。

不过，即便在物质并不富足的那个年代，人的境界也各不相同。林则徐有一句名言："子孙若如我，留钱做什么？贤而多财，财损其志；子孙不如我，留钱做什么？愚而多财，益增其过。"而林则徐本人的名字和事迹，时至今日也依然"活着"。

历史车轮已经驶入 21 世纪，很多人的钱已经多得几辈子都花不完，已经具备了不想贪的物质基础，贪腐官员和为富不仁者只差"触动灵魂"了。

从这样一条原理，联想到中共十八大以来"厉行节约，反对浪费"的各项规定，这是政府高层的开悟，也是作为大政府一种自我约束、俯身向下的精神回归，与"曲成万物而不遗"的规律是一致的。

　　中央决策层的这一想法能否贯彻落实到位，与各级党政机关领导干部的想法有关。我们能观察到，仍有某些地方政府打着"明着放权，暗中收紧"的小算盘，经常陷入雷声大、雨点小的局面中，甚至有些地方"上有政策，下有对策"，这恐怕都是领导干部的精神尚未开悟的反映。尽管看似某些领导干部的想法仍属于个人的事，但因为其手中掌握权力，就会把个人偏离正轨的行为放大，产生远比个人行为更为恶劣的现实影响。

　　环顾中国社会，倒是开悟的少，未开悟的现象比比皆是。

　　央企上缴利税比例偏低、员工高薪和过度福利等问题一直为社会各界所诟病。2011年5月，国家审计署发布17家央企的财务收支审计结果。审计发现，有14家企业存在相关问题，比例高达八成以上，具体涉及滥发奖金、补贴；不代扣个税以提高职工收入；违规为职工购买商业保险；超额分红、分配利润；滥发购物卡、旅游费；垫款买房；等等各种过度福利的问题。据《每日经济新闻》报道，电力、电信、石油和金融等垄断企业的员工不到全国的8%，其收入却占全国职工总收入的60%左右。

　　除了央企之外，还有一些行业也存在严重的浪费。如文化创意产业，近些年的蓬勃发展导致资本扎堆、浪费惊人。2012年3月，全国政协委员、演员宋春丽在参加全国两会时感叹道："我们每年能拍出近两万集电视剧，可能够播出的仅为一半，这是滞销现象还是脱销现象？"据媒体记者了解，2011年原国家广电总局电视剧司同意备案公示的国产电视剧共有1 040部33 877集，但实际拿到发行许可的只有469部14 942集。由于全国电视台每年电视剧的播出量为6 000~8 000集，这意味着又有50%左右的电视剧其实没有播出，而这些未播的电视剧，几乎完全丧失了收回投资成本的希望。其次，就在这些播出的电视剧中，也只有3 000多集能够进入各大卫视黄金档并以此实现赢利。由此算来，从备案公示的3万多集到最后赢利的3 000多集，即便再加上在非黄金时段播出的、成本勉强打平的 10%，还有 80% 的电视剧沦为炮灰。数据显示，目前全国电视剧产业每年投资额可达 50 亿元，但由此创造的产值却不到 20 亿元，这意味着整个行业亏损达 30 亿元，真是典型的土豪做派，挥霍无度。上海文广新闻传媒集团（SMG）影视剧中心主任苏晓在一次论坛上痛惜地指出："现在电视剧市场上的一个关键词是烧钱……整个产业中，有的是为了上市，拼命加量做业绩；有的是上了市，圈了钱，为了财报股价还得加量做业绩。有人说，影视业遇上了不缺钱的黄金时代；也有人说，钱把这个行业拖入了罪恶的深渊。"

类似的例子不胜枚举，可见仍有很多领导干部、很多企业、很多富人，并不十分明确自己的社会责任，在灵魂的开悟方面还有很大的潜力尚待挖掘。为了将来社会的良性发展，现在已到了触动灵魂、给精神维度松绑的时代。

李克强总理说："触动利益往往比触动灵魂更难。"但或许"触动灵魂将使触动利益变得简单"！在电影《盗梦空间》(*Inception*) 中，讲述了一群人通过高科技手段进入某个富翁的梦境，改变他的想法，从而改变了富翁处理自己财产的方式。尽管这种盗梦技术听起来像是天方夜谭，但有一点则是现实的：改变一个人的行为，不妨从改变他的想法开始。

给灵魂一点空间

灵魂正在觉醒，它需要更多生长空间。与此同时，社会也要提供一种有利的舆论环境，给灵魂创造更大的生长空间。

"灵魂"二字，即便不把它神秘化，我们也可以感知其存在，"灵魂"和"精神"有时是混用的，比如"一个高贵的灵魂"，指的就是"精神"。那么，这种精神或曰灵魂，其空间在哪个维度中？恐怕并非是像左右手对称那样与物质并列的维度，而是不同于物质的一个全新维度！

有一个故事可以给我们启发，就是1884年伦敦公学校长、牧师埃德温·艾勃特（Edwin Abbott Abbott）写的小说《平面国》(Flatland)。

小说的主人公是正方形先生，生活在二维平面国，这里的每一个人都是几何体：女人是社会阶层中最低等的，她们只是线条，贵族们是多边形，主教们是圆圈。人们具有的边越多，他们在社会阶层中就越高贵。这个平面国既不存在，也不允许讨论第三维，凡是提到第三维的人都会被严厉惩罚。

正方形先生是一个守旧绅士，然而有一天他遇到了一位神秘的球面勋爵，当球面勋爵穿越平面国时，就成了能魔术般改变大小的圆圈。正方形先生感觉这太神秘了，球面勋爵则解释说他来自另一个被称作"空间国"的地方，那里所有的物体都是三维的。正方形先生当然不相信，无奈之下，球面勋爵把他带到了空间国，让他亲身感受这个不同维度的世界。

当正方形先生回到平面国，试图把他所见到的情景告诉平面国人时，主教们认为他是一个胡言乱语、煽风点火的狂乱分子。正方形先生成为主教们的一种威胁，虽然正方形先生坚信他确实到过空间国的三维世界，但他还是被投进监狱，被判在孤独的监禁中度过余生。

这个故事像是柏拉图洞穴之喻的另一版本，但它有一层新的含义：当我们切身体验到一些事物时，会对它深信不疑，但如果没有体验到，也许怎么都不会信。

只有给精神维度更大的生长空间，才会有更多人体验到它的存在。当下中国的很多问题都与精神维度的体验缺失有关，或许是大家穷怕了，在物质富足之后依然处在惯性思维中，难以体验"助人为乐"的精神乐趣。与此同时，正因为体验到精神回报的人还不够多，所以社会舆论也未能给精神以更宽松的环境去生长，反而将其逼入狭窄的角落。

比如对陈光标的高调慈善，有很多人表示反感，但不管怎样，他是在用真金白银做慈善，哪怕陈光标过于注重由此给自己带来的声誉，其实也无非是慈善的题中应有之义罢了。

厉以宁在《超越市场与超越政府》中说：

不应当，也不需要去探寻捐赠者的动机是什么。如果追问动机，问题将复杂化。不能否认人与人之间的差别，不同的人会有不同的考虑，同一个人在不同的捐赠场合也会有不同的想法。不少人是出于一种理想、一种信念、一种责任感；也有些人可能出于同情心；还有些人可能出于一种自我实现感，即认为自己已经取得了成就，于是把捐赠行为看成是个人事业有成就的表示，或看成是个人事业的另一种形式；另有一些人可能出于某种精神上的寄托，通过捐赠而得到安慰，或者过去曾经许过愿：如果能够度过某场灾难，将来一定要捐赠若干财产，于是捐赠行为便以还愿的方式出现；也不排除社会上个别人可能出于某种求解脱的心理，即认为自己本来不应该有这些收入或财产，对此总抱有某种愧意，捐赠以后心理上会平衡些。总之，各种各样的人都有可能自愿捐赠，多少不拘，动机不一，动机是说不清楚的，何必去探寻呢？只要从客观效果上看，自愿捐赠的行为有助于收入分配差距的缩小，有助于社会协调发展，就行了。

无论是富人不负责任的挥霍浪费，还是公众对陈光标高调慈善的不习惯，其实都是因为在多数人心中"灵魂"这个维度还未充分解锁——什么时候慈善成为常识和生活必需品时，我们的社会才能变得更文明。

2013年5月，浙江大学校友总会启动了一项校友认捐项目：3 000多张体育馆的坐椅，以每张5 000元人民币或1 000美元等待"认捐"，捐赠者的姓名将被制成铭牌，放在他选中的坐椅上。此举被一些网友指责为"铜臭味"甚重，有损公立大学的形象。

浙江大学校友总会相关负责人对此次认捐活动作了解释：项目设计的初

衷，是一部分校友向校友总会反映，自己有心回馈母校，但经济能力无法达到设立一个奖学金或助学金的程度（通常情况下，设立冠名的奖学金或助学金，门槛超过 10 万元）。把门槛定得低一些，便于更多的校友在母校留下纪念。

应该说双方的观点都各有道理，但如果我们跳出具体细节，从整体趋势来看，目前人们回馈社会的行为不是太多了，而是太少了！因而，鼓励更多人的经济能量回流，应是大势所趋。

另外还有一个应当考虑的因素，即国家财政在教育经费上的投入是偏低的。早在 1986 年，以厉以宁、王善迈为首的几位学者就做了一份研究报告《教育经费在国民生产总值中的合理比例研究报告》，计算出当人均 GDP 达 1 000 美元时，公共教育支出国际平均水平为 4.24%。据联合国教科文组织《世界教育报告 2000》，1990 年时教育投入占比的世界平均水平为 4.7%，在亚洲和大洋洲发达国家为 4.0%，而中国当时仅为 2.3%。到了 1993 年，中国政府发布《中国教育改革和发展纲要》，首次提出国家财政性教育经费的支出"在 20 世纪末"占 GDP 的比例应该达到 4% 的目标。2012 年，国家财政性教育经费支出占国内生产总值比例终于达到了 4%。然而也有学者指出，这是一个迟到 12 年才达到的目标，而且仍是较低的水平。

既然教育总体投入不足，而按照国际经验，基础教育应获得比高等教育更多的财政支持和政策倾斜，因此有专家指出，目前仅凭财政拨款已很难满足高校发展的需求，寻求社会资金、校友捐助等途径应该成为普遍共识。至于商业味是否会侵染象牙塔，这则是另外一个维度的问题。如果校友纯粹是为了回报母校而捐款，并未因此获得某种特权；如果所收的款项全部投入正当的教育支出，并有清晰的财务报表，以公开的方式接受社会监督，那这种捐赠就谈不上损害象牙塔的纯洁性。

总之，对于网友质疑浙江大学向校友募捐一事，说明了以下几个问题：

（1）捐资助学等社会公益行为尚未成为普遍现象。

（2）人们对复杂事物的维度认知不足，常把不同维度纠缠在一起，因而产生意见分歧。

（3）有些维度尚未充分解锁，比如财务制度规范化、财务报表公开并接受社会监督等，使得人们容易谈钱色变。

（4）对两个焦点相互制约及其转化的认识不足，使得追求某些价值时容易走向极端，于是出现"既要马儿跑，又要马儿不吃草"的心态。

浙大体育馆座椅认捐的尴尬并不是孤立事件。再往前倒推两年，2011年5月，清华第四教学楼被命名为"真维斯楼"时，清华学子和网友也纷纷吐槽，甚至有网民直指此举为"卖身"和"大学精神的堕落"。

此番指责是否有相关政策作为依据呢？1999年9月起施行的《中华人民共和国公益事业捐赠法》第十四条规定："捐赠人对于捐赠的公益事业工程项目可以留名纪念；捐赠人单独捐赠的工程项目或者主要由捐赠人出资兴建的工程项目，可以由捐赠人提出工程项目的名称，报县级以上人民政府批准。"

2004年，国务院取消了一批行政许可权，其中也包括对学校校舍和教室命名的审批权，也就是说教育部门不再具有审批的权力。可见相关政策的修订和变化过程，是与时代发展趋势相一致的，即给公益慈善行为提供更宽松的政策环境。

对真维斯楼事件，人民网曾发表评论说："真维斯楼之前，清华校内已经有了富士康纳米研究中心、罗姆电子工程馆……而此番真维斯楼引起诸多争论，尤其是清华学子愤愤不平，很重要的原因在于大家觉得真维斯这个品牌还不太上档次，跟清华大学这样的学术机构太不搭界。这样的心理未免过于矫情，富士康楼、罗姆楼可以，真维斯楼为啥就不行？

仔细想想，清华学子的吐槽，确乎有几分"不当家，不知柴米贵"的孩子气。

这个世界，没那么简单

当然，两者之间的界限仍然是有的。比如，烟草行业给中小学冠名，就超出了公众的底线。此外，清华大学早在给真维斯楼冠名之前，也曾有五粮液集团提出愿捐5000万元建一座综合体育馆，要求命名为"五粮液体育馆"，这一要求被清华大学拒绝了。由于没有经费，这座体育馆很长时间都没建起来。可见捐资助学的底线依然应该存在。

除了捐资助学外，关于商业资本进入公共服务设施，也有很多讨论。比如2012年11月，一张周黑鸭冠名武汉地铁2号线江汉路站的图片引起网友热议，近3万人次参与讨论。在之前的武汉地铁站冠名权拍卖中，"周黑鸭"竞得江汉路站冠名权6年，每年85万元，在该次武汉2号线7个被拍卖成功的站点冠名权中，周黑鸭是争议最大的一个。

这种地铁冠名情况为何没有出现在北京？武汉地铁集团有限公司工作人员说："北京有政府财政的支持，我们这个是自负盈亏的，要平衡运营收入，我们运营成本很高。"据悉，武汉地铁由于采用"地铁+物业"的经营管理模式，站牌、灯柱、冠名权等各类广告收入将占到全线地铁运营收入的40%。如果不引入社会资本，这个运营费用要么由乘客埋单，要么由地方财政补贴，也会带来其他的问题。

所以，以上几个事件反映出人们对校园、公共设施这些原本由财政负担的领域和社会资本之间的界限划得过于严格，使其后续发展空间过于狭窄。

的确，这些冠名会让校园和公共设施不那么纯粹，但是，如果我们认为贫富差距拉大是一个很严重的社会问题，那么在大方向上，势必要鼓励经济能量向下回流。要实现这一目的，就应提供更大的驱动力和吸引力，其中，精神回报或冠名是一个重要的因素。在这方面，社会的宽容度应当比现在更大，这将是未来的方向。

总的来说，在公益慈善和商业资本进入公共设施方面，公众的宽容度不妨再大一些。一方面，整个中国急需资金支持的领域太多，政府未必都顾得过来；另一方面，民间进行慈善公益的企业和个人也存在热情，需要提供一些释放的窗口。

对此，厉以宁在《超越市场与超越政府》中说：

假定我们只承认有市场进行的第一次分配和政府主持下的第二次分配，而忽视市场调节与政府调节之外的第三次分配，实际上就是把社会经济活动过于简单化，不承认人作为经济活动主体的目标的多元性，不承认人们的道德自我激励对收入分配的影响……由于有了第三次分配，一方面，社会的收入分配可以由不协调走向协调，社会的经济运行可以更顺畅；另一方面，在道德力量的影响之下，社会文化领域、公共服务领域以及其他领域内的一些事业可以在第三次分配调解之下较快地发展起来。

2014年11月，国务院印发《关于创新重点领域投融资机制鼓励社会投资的指导意见》，针对公共服务、资源环境、生态建设、基础设施等经济社会发展的薄弱环节，提出了进一步放开市场准入、创新投资运营机制、推进投资主体多元化、完善价格形成机制等方面的创新措施，可以说在这个方向上营造了更好的政策环境。

好的政策有了，如何避免可能产生的无序和混乱？怎样确定更合理的边界？为此，我们不妨在相关部门的主导下，把各种需要引入民间力量的领域作排序，列出一张清单，甚至不断滚动更新，并通过媒体公开，由供需双方进行双向选择。倘若由于清单的存在，真维斯这样的企业能找到更适合该品牌定位的捐助对象，那不就更好了吗？毕竟，社会力量的介入，可以成为政府主导各项事务的一种很好的补充。

给灵魂一点空间，让它在温暖的气候下孕育生长。唯有当每个人的"灵魂"都重归躯体时，人类的文明才能迎来新一轮质的飞跃！

第 3 课
CHAPTER THREE

格局，大一点就好

2013年3月，吉林长春发生了一起令国人感到震惊的盗车杀婴案，家住长春的周喜军路过一家超市门口，看见一辆车没有熄火，就临时起意把车偷走。逃窜途中，周喜军发现车里有2个月大的婴儿，他竟然丧心病狂地将婴儿掐死，埋在雪地中。案件经过侦察和审理，周喜军被判处死刑。

这起恶性案件让公众震惊，同时也感受到了人性之恶。那么，人性究竟什么样？

格局就是画圈圈

人的道德出了问题，其实是格局出了问题。

什么是格局？我把它称为"个人所关注的利益圈的大小"。

在电影《史前一万年》（*10 000BC*）中，某个原始部落的长辈对即将成为部落领袖的年轻人说："一个好人，会围起保护圈，照顾里面的人，包括他的女人和小孩；有的人，围起更大的圈子，照顾他的兄弟姐妹；但是有些人，有更大的使命感，他们必须在身边画个大圈圈，把很多很多人的利益都放在里面。"这可算是格局最朴素,也最本真的表述。如果画一张图,就是从自己向外辐射的同心圆(见图3-1)。

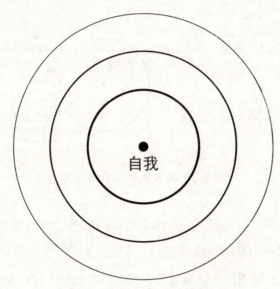

图3-1　格局是向外辐射的同心圆

格局是个神奇的东西,因为它是解开人性善恶之争的一把钥匙。

举个最简单的例子。张三的家人快要饿死了,张三因此去偷了李四的面包,那么,张三的家人很可能觉得张三是善的,因为张三的格局把家人包括在内了;但李四则会觉得张三是恶的,因为张三把李四排除在自己的格局之外了(见图3-2 a)。不过,假如李四的心理格局足够大,考虑到张三的家人快要饿死了,而自己正好有一个富余的面包,拿走也无妨,此时李四也不会觉得张三是恶的(见图3-2 b)。由此可见,善与恶,常常是由格局大小的量变所引发的质变。

这个世界，没那么简单

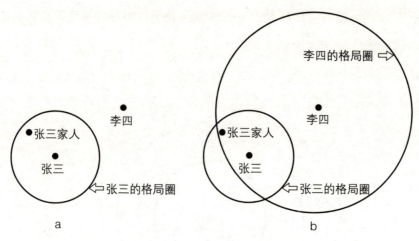

图 3-2　张三和李四的格局圈

庄子在《胠箧》篇中讲了一个入室行窃的故事，他借当时一位江洋大盗的口说：准确地猜出室内收藏的东西，这就是圣明；行窃的时候第一个冲进去，这就是勇敢；撤退的时候最后一个出走，这就是义气；知道能不能得手，这就是巧智；坐地分赃时人人有份，大家一样，这就是仁爱。庄子说，这个强盗遵循的，哪一条不是儒家的道德，哪一条不来自所谓圣人的教导？看来，没有"圣人之道"，好人固然无法立身，强盗同样也不能成功。庄子因此得出结论，"圣人生而大盗起""圣人不死，大盗不止"。也就是说，只有消灭仁义道德，才能实现天下太平。

如果从格局视角来看，其潜在原因是：每个人都在以自己的方式（或以自己认为正确的方式）追求着真、善、美，只不过格局太小，就变成了恶行。

进一步说，荀子的"性恶说"和基督教的"原罪说"，似乎与人的"小格局"状态有关：每个人生来就有"小格局"，总想把好东西据为己有，但是这个小格局的状况亟待改善，所以基督教让人通过自己的行为来"赎罪"。

至于孟子的"性善说"，则似乎更关注人们对于真善美的追求，每个人都想把更多的好东西纳入到自己的格局中，也就是每个人都在"追求"真善美,这是一种人人具有的内在的行为动机和行为趋向。

"性恶说"和"性善说"正是以这种方式同时存在、相互兼容的,前者是"初始状态",后者是"发展趋向",它们合在一起,才是人性的完整表述:人性本利己,格局有大小;天生小格局,追求大格局。通过"格局"这把钥匙,我们得以解开"人性本善还是人性本恶"的争论,这同样是增加维度的结果。

回过头来看 2013 年 3 月震惊全国的长春盗车杀婴案,在痛斥罪犯灭绝人性、丧尽天良的同时,我们不妨从他的视角还原一下事件发生的过程。那天,当周喜军路过某家超市门前,发现有一辆银灰色丰田汽车未熄火,车里没有人,于是占有欲在瞬间冒了出来,临时起意把车开走了。开到半路,忽然发现后座上还有一个婴儿,由于婴儿不断啼哭,罪犯又做贼心虚,担心孩子的啼哭会引起周围人的警觉,为了自身的安全,竟然掐死了婴儿并用雪掩埋。庭审时,周喜军自己交代并没有把孩子当成生命和人,而是当成了东西。要车,就需要把孩子处理掉,可见他完全没有把婴儿的生命放在自己的格局中。这里丝毫没有为他开脱的意思,因为其恶行已超出了人的底线,但这个极端事件恰恰说明了人性的本质:或许没有人为了作恶而作恶,而是会为了满足自身格局内的某种需要而采取行动。

那么,怎样才能做大格局呢?其实原理上并不复杂:换位思考。当需要处理某件事务、某种关系时,把其中涉及的各个利益方都考虑在内,才能做出最恰当的行为选择。

接下来,用格局的理念,我们可以分析一下日本首相参拜靖国神社的事。靖国神社内供奉的,是被国际社会公认为战犯的日本军人牌位,而这些战犯在有些日本人看来却是所谓的"民族英雄",这显然是强盗逻辑,说明这类日本人在这个问题上格局太小,丝毫没有考虑二战中被侵略国家人民的感情,以及全世界对二战的反省。在狭隘的民族主义格局中自认为正确的事,未必就代表了真理,就像庄子笔下的窃贼,再怎么讲仁义道德,也改变不了他们是窃贼的事实。

同理,人肉炸弹、自杀式袭击、挥刀乱砍无辜百姓等恐怖活动,无论打着怎样的旗号,这种使用暴力摧毁美好事物的行为都是必须受到谴责的。世界有着如此多的维度帮助我们突围,假如有足够的诚意和智慧,总能找到解决争端的更好办法。

老子、孔子和墨子的格局

两千多年前的百家争鸣,如果用"格局"的视角重新梳理,会发现其中的脉络也很清晰。这里以老子、孔子、墨子三人的格局为例。

他们各自推崇什么样的格局呢?

老子个人的胸怀极大,但他对平民百姓则推崇极小的格局。他的经典语录之一就是"邻国相望,鸡犬之声相闻,民至老死不相往来",意思是虽然国界两边民众相距很近,但各过各的,彼此没有关系。这种"我不把你考虑在内,你也不用考虑我"的模式显然是典型的小格局模式。

老子理想中的社会,是路不拾遗、夜不闭户,他认为每个人生性都是浑然天成的,而天道又自然向善,因此不需要外力教导。

的确,老子所描述的"路不拾遗、夜不闭户"时代真实存在过,那是人类社会早期,大家的生活都很简朴,谁也不比谁富有多少,所以也不容易起歹心。

不过,好景并不长。正如卢梭在《论人类不平等的起源》(*A Discourse on Inequality*)中设想的这样一个情境:文明萌发前有5个人商定合作猎一头鹿,条件是猎到后每人各分得1/5。然而,当一只野兔出现在其中一个人的捕杀范围时，这个人就抓住了它，经他这样一搞，那头鹿逃掉了。于是，这个搞小动作的人眼前得了实惠，可以用这只野兔让自己饱餐一顿，但他的伙伴们却一无所得。这个故事说明：当身边人都很厚道时，就一定会出现钻别人空子的人，耍点小聪明去偷鸡摸狗（在任何时代都是这样），于是坏了秩序。

坏了秩序的状况在春秋战国时期果然出现了，因此才有了诸子百家出来献计献策。如此看来，这是必经阶段，躲也躲不过。

那么，退一步说，即便躲得过，即便老子所说的"无为"（不加劝导，让人们以天性生活）果真能奏效，那只能期待大家都粗茶淡饭。当然，有人能接受粗茶淡饭，但恐怕另外一些人则想过上更好的生活，这是必然的。这有点像宇宙大爆炸之后一直在膨胀，膨胀是必然的，大家向着四面八方的分化也是必然的。"鸡犬之声相闻，民至老死不相往来"的原始状态大体相当于大爆炸的奇点，我们难以停留在奇点上，时代的车轮总是滚滚向前。所以，老子的"无为"只能代表过去式，它不符合春秋战国时期的现实需要。

接下来说说墨子。墨子推崇极大的格局，如宇宙般宽广。兼爱，就是对天下所有人一视同仁地爱，似乎要把所有人统统放到自己的格局圈内。更有甚者，墨子认为每个人都应当如此。

可惜的是，格局这东西和自身生活水平有很大关系。所谓"仓廪实而知礼节，衣食足而知荣辱"，或者，按照马斯洛的需求理论，当基本需要被满足之后才能产生更高级的需要。通常情况下，大格局需要一定的物质基础。如果要求每个人，不管自己是否已解决温饱，都必须心怀天下众生，这也不现实。"兼爱"至多表达了某种对未来的理想，它像是个未来式（即便在物质较丰富的今天仍属于未来式），也非春秋战国时期的现实需要。

回过头来再看孔子。孔子给出了春秋战国时期所需要的格局：可实现的大格局。

这个世界，没那么简单

孔子提倡仁、义、礼、智、信，其中又以"仁"为核心。仁爱，是不仅爱自己，而且爱父母、兄弟、姐妹，一直扩展到五服之内的亲戚。这个格局比老子的"无为"要大，是"有为"的。当然，"有为"必定比"无为"要操劳些，孔子也身体力行，周游列国、四处游说，哪怕"惶惶如丧家之犬"。孔子深谙其中的道理：小格局是轻松舒服的，但并不利于社会的长治久安，大格局虽然操劳，但长远来看是必然选择。

比起墨子的"兼爱"，孔子更胜一筹之处在于认为爱有等级秩序，倒是非常符合"万有引力"的普遍法则，其公式如下：

$$F = G\frac{m_1 m_2}{r^2}$$

在这个公式中，G 是常量，m_1 和 m_2 分别代表两个物体的质量，r 则是两物体之间的距离。简单地说，万有引力 F 的大小和物体质量的乘积成正比，和物体之间的距离成反比。也就是质量越大，吸引力越大；距离越近，吸引力越大。

两千多年前，孔子所提倡的仁爱具有的等级差序理念，恰恰也包含了万有引力的规律：比如爱直系亲属多于爱远房亲戚，爱父亲多于爱母亲，爱嫡长子多于爱其他孩子。虽然其中男女不平等的观念招致批评，但仅就其原理而言，离得越近，吸引力越大（比起陌生人，亲属离得更近；五服亲属之内，直系亲属又最近）；质量越大，吸引力越大（父亲比母亲更有分量，嫡长子比其他孩子更有分量，至少在孔子看来应该如此）。总之，万有引力是随边际效益递减的，牛顿在 17 世纪发现的科学原理早在孔子的"仁爱"中就得到了体现，不能不赞叹中国古代圣贤对"天人合一"的感知力。

由此可见，孔子在诸子百家争鸣中摘得最高荣誉，被中国人尊奉了两千年，是有深刻原因的：他选择了恰如其分、符合时代所需的格局，即"仁爱"。"仁爱"既符合"大"趋势，同时又具有现实的可操作性。

Out，被 Out，都是 Out

孔子的"仁爱"对于两千年前的春秋战国时期，是最合理的道德教育，那么对于今天是否仍然有效？

很多人说，如今社会世风日下，中华民族丢掉了传统美德。因此有人在大力弘扬儒家传统文化教育，让孩子们背《三字经》《弟子规》之类的古籍。对此，我既赞成，又不完全赞成。

正如老子的"无为"不适合春秋战国时期一样，孔子的"仁爱"也不再完全适应 21 世纪的中国，因为"格局"应该随客观环境的要求而水涨船高、不断增长。

"格局"的背后，隐藏着生产生活方式的变革。在男耕女织的年代，人们以家庭为单位，生活基本自给自足。所以，提倡家庭或家族观念，也就是以家庭为最基础的格局，有利于传宗接代、抚养幼儿和赡养老人，以便在家庭内部完成生存和繁衍。

在人类从工业革命迈入现代文明之后，社会分工越来越明确，我们生活所需要的绝大多数物品和服务来自家庭之外，几乎没有人能以家庭方式自给自足了，人们已习惯于通过彼此交换劳动来过日子。在这种情况下，仍以家庭为单位的格局是远远不够的。

从这个角度说，似乎反过来证明了中国两千多年来推行的仁爱教育十分有效，当今的中国人，绝大多数都以家庭或家族为自己的默认格局圈，即便是贪官，其朴素的想法也是为了给自己的家人、子女创造更好的条件，他们是有家庭观念的。然而，问题恰恰也出在这里！由于社会不断发展、社会分工日益精细化，就更加需要每位社会成员把格局由家庭进一步向外延伸，朋友、同事、陌生人，甚至竞争对手之间都存在着竞合关系，因此，我们需要以更大的格局来容纳，并作维度更复杂的通盘考虑。

孔孟之道依然会发挥它的作用，让孩子背《三字经》《弟子规》等也仍是不错的建议，只不过不能停留于此。等孩子们有了一定的思辨能力之后（比如高中阶段，尤其是大学阶段），依旧指望《三字经》《弟子规》就太过天真了。试问那些缺少了良心的中国人，谁不知道什么是道德，什么是不道德？只不过出于利益考虑，他们背弃了道德而已。所以，对于心智成熟的人来说，我们要解释的是：为了获得更大的利益，我们更应当遵循道德！

有意思的是，虽说"人心隔肚皮"，但人也常常是"挂相"的，格局大小常常能被一眼"看"出来！很多人仅凭直觉就能知道谁良心好、谁良心坏。马斯洛提到过的一项实验报告称，看照片上的面孔，可靠者的面孔会让观察者感觉更热情，不可靠者的面孔则相对冷漠。马斯洛提到该研究时说："为什么会这样？这是仁慈心的投射还是天真的投射，或是更有效的感知和理解？结果如何仍有待未来的研究。"我想，这种现象或许和格局有关：可靠的人、真诚的人、热情的人，往往是大格局的人，他们通常更强大，是能量更强的太阳，充满能量，需要释放，也更经常释放，给身边的人带来更多帮助和温暖，所以是更"热情"的，这二者之间存在着合理的逻辑。我们称之为"面相"的，其实并不是什么玄学，只不过是格局的某种外部表现罢了。

由此联想到一些政府部门被抨击好多年的"门难进，脸难看，事难办"的行政痼疾，联想到每个人去一些职能部门办事都会有的切身经历，就能感觉到当今中国人"小格局"心态的普遍性。

2014年10月，西安一位年过七旬的老人身患重病，因为需要更改银行卡密码，被告知必须本人亲自到场按手印，家人无奈之下只好请120急救车把老人拉到银行门口。即便如此，银行工作人员仍要求老人亲自到柜台按手印，结果只能由120急救人员和家人一道把老人抬进营业大厅，差一点闹出人命。该事件一出，引发了民众的强烈不满，指责银行不该用死规定难为活人。

显然，这个事件中的银行职员格局不够大，未能替他人考虑。其实，中国银监会在2009年曾发布过一个《进一步加强银行卡服务和管理有关问题》的通知，在这个通知中明确规定，对于因老弱病残、出国、意外事件等特殊原因，无法办理需由持卡人本人亲自办理业务的特殊客户，各银行业、金融机构应开设绿色通道，做到特事特办，急事急办，做好柜台延伸服务，必要时可提供上门服务。但由于管理者和相关工作人员的格局都不够大，未能有效落实，结果在事件发生后被口水淹没，受到了相应处罚。

2014年1月，《新闻1+1》报道了很多农民工在春运期间带着现金回家的现象，这些农民工兄弟为什么不把钱存在卡上或者寄回家呢？除了省时、省力之外，省钱也是原因之一。正如电影《天下无贼》中傻根所说，6万元要收600元的手续费，600元在老家都能买一头驴了，能省就省吧！可事实上2005年出了一条规定，农民工银行卡2007年2月起每笔汇款手续费最高限额从50元降到20元。可惜很少有农民工知晓这种卡的存在，更不要说实际使用的人了。有了好的政策，银行为什么不能加大宣传力度？也许是越宣传越吃亏吧？

格局偏小是当今中国人的普遍状况，中央十八大以来中央反腐过程中揪出来的苍蝇、老虎、大老虎们，在他们违法乱纪的背后都有着小格局心态的影子。按理说，身居领导岗位的人，通常格局应该更大（因为客观环境要求他如此），然而个人的初始小格局心态也时常会作祟，使手中的公权力时不时偏离正确轨道——民众有权以更高的道德标准去要求政府官员，这是合乎逻辑的，如果这些掌握权力的人都格局偏小，那又如何要求普通民众有高尚的道德呢？由此看来，做大格局不仅是普通百姓的事，更是政府官员的事！

其实，大格局的要求并不高，只要在做好分内事的基础上再向前迈出一小步即可。举两个略有差别的案例。2014年1月，温州工商银行职员成功劝阻了一个打工者把他辛苦挣来的9 000元钱汇给诈骗分子。这个过程颇具戏剧性，当打工者李师傅打算拿着钱去银行汇款时，银行保安小李发现收款方可能是骗子，当时进行劝阻。但李师傅不听，执意要汇款，既然柜台不予办理，就自己去 ATM 机上操作。保安赶紧叫来银行大堂经理，两人一起劝说依然无效，无奈之下只得关闭 ATM 机电源。李师傅非常固执，一看快到下班时间了，就赶紧跑到对面的农业银行去办。在这个关键时刻，工商银行职员的大格局充分体现出来，他们追到农业银行，向同行说明情况，农业银行大堂经理也因此关闭了 ATM 机电源。后经警方证实收款方果然是骗子，李师傅才幡然醒悟。这个戏剧性故事有了个圆满的结局，让人充分感受到了大格局之美。

可惜这样的情况并不是每次都会发生，之前还有一个案例与之很相似。在一家银行关闭了 ATM 机后，汇款者跑到对面，这家银行就没有再继续过问，于是钱被骗走了。这些过程高度相似、结局却迥然不同的案例告诉我们，在个人的格局上迈出一小步，就有可能将悲剧反转！可见，大格局的要求离每个人并不遥远。

当我们身边的人抱怨中国社会道德滑坡时，似乎都认为别人的道德出了问题，而自己的道德却没问题。那么，我们能否扪心自问：很多情况下，当我们明明可以向大格局迈出一小步时，是否真的迈出了这一步呢？

至于"中国社会目前是否存在道德滑坡"这个命题，有人认同，有人反对。在我看来，这有点类似于"工资能否跑赢CPI"的问题：人们的"实际格局"就好比"工资"，时代对格局的"客观要求"就好比"CPI"。大家的实际格局并未倒退，或许还略有上升，多数人也依旧秉承尊老爱幼等人伦秩序（违背家庭秩序的毕竟是少数）。但是总体上，以家庭为默认格局的模式已经落后于时代了，外部的社会环境已经提出了更高的要求。十分可惜，现实情况并不尽如人意，人们的实际格局圈没能跟上时代要求，所以才显得"道德滑坡"了。

破解中国人的道德困境，应从认识和培养"大格局"开始！格局大了，才不会被时代淘汰，编一句绕口令来概括，那便是：Out，被 Out，都是 Out!

一张牛皮圈住的地

当代中国人的格局普遍偏小，恐怕已是既成事实了，为什么会这样？或许与自然界普遍存在的"最小作用量原理"有关。

什么是"最小作用量原理"？先来看个历史故事。

相传在公元前9世纪，腓尼基人泰尔王国的黛朵公主（Dido）带着几个仆人漂洋过海，来到突尼斯湾。她和当地部落的首长商议，打算付给对方一笔订金以换取一张公牛皮能围住的土地。一张公牛皮能围住多少土地呢？聪明的黛朵公主想出一个巧妙的办法，她把一张公牛皮切成一根根细长的牛皮条，再把这些细条结成一条很长的细牛皮条，利用这根牛皮条在海岸边围出了一大块出乎酋长意料的土地。这片土地近似一个半圆形，其直径在海岸线上（海岸线可看成近似一直线，不须用牛皮条来围），牛皮条的总长就是这个半圆的弧长。黛朵公主在这块围起来的土地上建起了迦太基城，故而迦太基的卫城又叫柏萨，意为"一张牛皮"。

这就是数学中著名的"黛朵问题"的来历，即：用给定周长的封闭曲线，如何围出最大的面积？人们也称之为等周问题（比如周长相等的情况下圆形面积最大）。后来，数学家们还用这个名称来表示求解其他"极值问题"，比如给定表面积求最大体积问题（肥皂泡之所以呈球形，是因为球形的表面积最小而体积最大）。

在生活中，我们常说"以最少的付出，获得最大的收益"，或者说"努力最小化，利益最大化"，再或者说"利用最有限的资源，办最大的事情"……

这种人人明白的生活常理，竟也是合乎宇宙自然法则的。

中国人格局偏小，恐怕是"最小作用量原理"的结果，但由于"灵魂落在了后面"，很多人看不到大格局的好处。

大格局的好处何在？

格局大小的差别主要在于拥有多少"选择权"。手里的钱多，想吃什么就有得选；人脉关系广，更容易办成事。一般来说，格局越大，能够调动的资源越丰富，生活品质越高，舞台也越广阔——"一切尽在掌握"，这是大格局的意义。

同时，"一切尽在掌握"也就是对"控制力"的追求。很多项心理学研究早就注意到了一个事实：拥有"控制力"有益于人的健康。一个非常著名的实验是：把养老院中的老人通过随机抽样的方式分成两组，一组完全由养老院规定所有的生活作息细节，另一组则提供较大的自由度（比如可以随意布置自己的房间、种植花草等），跟踪调查几年之后，发现自由度较高的老人明显长寿。该实验的分析认为，拥有"控制感"能够有益于人的健康和寿命。

除了有益于健康之外，当我们拥有控制力时会更快乐。比如，在拥挤的电梯里，人们更愿意站在靠近控制板的地方。在那儿，他们会觉得电梯不那么挤，也不感到焦虑，因为他们认为自己能控制这种环境。另外，人的很多负面情绪（生气、狂怒、愤慨等），多是由于自己的控制力受到威胁，就试图通过生气、狂怒、愤慨等行为来反抗，以此来恢复自己的个性自由。

因而，以下这些事物之间都有很强的关联："更强的控制感""更多的选择权""更高的社会地位"……这些都是"大格局"能带来的好处。

大格局好处多多，不过天下没有免费的午餐，大格局意味着要尽量当个好人。当好人意味着要有更多利他心，尽量把别人的事当作自己的事来办。

除了费事、费心、费力之外，关键的问题是好人似乎经常吃亏，就像经济学领域中的"劣币驱逐良币"现象一样，所以很多人觉得：还是别犯傻当个好人了！

不过，两千年前的老子倒是极具智慧，道出了"无私为大私"的至理名言，稍有城府的人都对其中的原理心知肚明，里面的逻辑关系如下：

（1）利他就是帮助别人。仅从最简单的层面上看，利他和利己仿佛椭圆的两个焦点，看似相互排斥的：只有一个面包，给了别人，自己就要饿肚子。于是人们从直觉上不愿意利他，这是因为人的格局天生比较小，而且小格局存在惯性。

（2）如果从较大格局来看，利他意味着帮助别人。人为什么应该帮助别人？因为帮助别人，别人才更有可能帮助你：你有一个面包，分给对方半个，两个人都不至于饿死（但也吃不饱）；不过，第二天如果对方有一个面包而你没有，你同样有可能分得半个，两人就都能继续生存下去。这就是合作的意义，也是大格局的意义。尽管听上去很功利，却是实在的道理，也是人类文明进步的深层机制。可惜历来的道德教育对此总是羞于启齿，才造成了利己和利他关系的简单割裂。

（3）上述道理很多人也是懂得的，只不过仍心存疑惑：如果碰到白眼儿狼怎么办？第一天你给了他半个面包，第二天他却不分给你，你依然可能被饿死，好人未必能有好报，这才是问题的关键！存在此类疑惑的人，格局依然不够大：从更大格局看，不要只帮助一个人（正如不要把鸡蛋放到同一个篮子里）！无论处在社会的哪个阶段，都必然有一些人道德相对高些，有一些人道德相对低些，这呈现出类似正态分布式的差异。尽管世界上一定有白眼狼，但也一定有人"滴水之恩，涌泉相报"，这两个极端的人就相互抵消了。假如自己帮助的人足够多，统计平均数时，就使得结果回归到正常逻辑上：助人者，将获得更多帮助（见图3-3）。

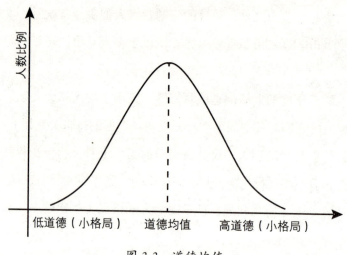

图 3-3　道德均值

（4）以上道理想通了，自然更有动力去扩大格局、帮助别人。不过，仍有个想法可能萦绕心头：白眼狼岂不是白白占了便宜？这次他获得了帮助，便会继续坑蒙拐骗，如果下次再碰到一个好好先生，岂不是又让他占便宜？有这样的想法十分正常，不过解决该问题的关键依旧是大格局观，因为"善有善报，恶有恶报；不是不报，时候未到"，尤其在当今网络无处不在、自媒体日渐发达的环境下，坏人坏事被掘地三尺的可能性正在变得越来越大。对此，我们应当有足够的信心，也要有更多的耐心。

上述论证的方法，无非是不断增加维度，来突破自身的"局限"。

格局就是自己的利益圈，利益当然是越多越好，所以"大格局"正是破解中国道德困境的一剂良药。

肥皂膜知道答案

最小作用量原理的形式是多种多样的,并不仅限于周长和面积、表面积和体积——自然界的很多现象都是"努力最小化,利益最大化"的综合计算结果。

不过,有时候计算的初始条件发生了变化,结果的变化可能会出人意料。

举一个例子:连结平面上两个点的最短路径是直线,这是我们非常熟悉的。这个结果可以用实验来印证(见图3-4)。

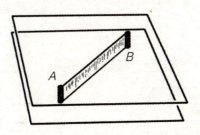

图3-4 肥皂膜(直线)

取两块干净的玻璃板,其间在A、B两点各立有一个钉子,使两块玻璃板相互平行。此后,把这一装置放入预先做好的肥皂液里,等取出来时,便在两块玻璃板中间形成了肥皂膜,它垂直于上下的玻璃片,并以两个钉子为端点。刚开始时,这个肥皂膜可能会在玻璃板间摆动,但当它达到稳定平衡状态时,就是平直的形状。这是液体表面张力使然。在这种情况下,表面积最小,其势能也最小,于是成为稳定平衡的系统。

上面的实验是测算两点间最短路线的方法,初始条件相对简单。那么,当需要计算四个点之间的最短路线时,情况就会发生变化。

假定这四个城市A、B、C、D分别位于正方形的四个顶点,我们来计算以最短的路程连结四城市的问题(这只是一道纯数学题)。如图3-5所示,有多种不同的方式来连结这些点。

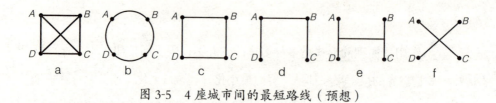

图 3-5　4 座城市间的最短路线（预想）

设正方形的边长为 1，计算各种连结方式的总长度，第一种约为 6.82，第二种约为 4.41，第三种为 4，第四种为 3，第五种也是 3，第六种约为 2.82，最后一种似乎是最小的。是否还有更短的连结路线呢？要回答这个问题并不那么简单，但利用肥皂膜的特性就能很容易地找到答案（见图 3-6）。

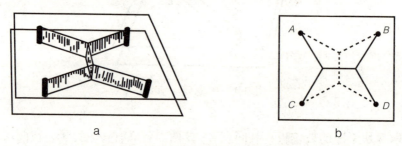

图 3-6　四城市间的最短路线（理想）

图 3-6 a 是实验结果，图 3-6 b 的两种是等效的，其总长度约为 2.73，比前面任何一种连结方式都短。稍有空间想象力的读者不难发现，蜂巢的结构与之有关，或者说，小蜜蜂筑巢恰恰采用的是最省蜂蜡的方式（蜂巢没有采用圆形，是因为圆形不能完全覆盖住所有空间）。

这个结果是不是有点出乎预料？它告诉我们：当初始条件发生变化时，要打破原先的惯性思维，重新设计最佳方案。关于格局的设定也是如此。

当代中国人为什么格局普遍偏小？最小作用量原理一直在其中起作用（"各人自扫门前雪"毕竟是简单轻松的）。不过，时代悄然发生了变化，"精神需要"渐渐变得重要起来，更多人的轨道正在逐渐从"正圆模式"转向"椭圆模式"，两个焦点同时存在的情况下，所谓的极值问题不得不重新计算。

此外，政策环境也会产生作用，八项规定、反"四风"、反腐浪潮之后，违法违纪行为势必收敛很多，道德风气也会随之改善，下一步我们期待不动产统一登记制度、政府信息公开等各项措施的相继落实，在更深远的层面上影响到每个人的行为模式。

圈大圈小，圈住才好

格局再大，也要控制在能力范围之内。能力范围就是条件限制，好比是那条用来圈地的牛皮绳，一定要圈得住那块地，那地才是你的；也好比是那个肥皂泡的膜，一定不能破裂，才会有美丽的肥皂泡。

那么，这个能力究竟需要多大？这就要有自知之明。自知之明是一种聪明智慧，知道自身的能力边界，知道自己几斤几两，不会因过度膨胀招致灭顶之灾。在这个意义上说，我们看到了把选择权交给公民个人、把公民个人当作优先维度的好处：没有别人更清楚自己的能力边界，这样才会有更切实的保障。

说到看清边界的重要性，下面来看看《吕氏春秋》中关于孔子的两个故事吧。

春秋时期的鲁国有这样一条法律，如果鲁国人在其他国家遇见有鲁国人沦为奴隶的，可以垫钱把这个奴隶赎出来，回国后再到鲁国的官府去报销。有一次，孔子的弟子子贡在国外遇见了一个已沦为奴隶的鲁国人，便花钱把他赎出来了，但子贡事后并不到官府去报账，以显示自己追求"义"的决心和真诚。孔子知道此事后，严厉地训斥了子贡：你的这种行为将阻碍更多的

这个世界，没那么简单

已沦为奴隶的鲁国人被解救出来，因为你品格高尚，自己掏钱救人，受到了社会赞扬，但今后别人在国外再遇见沦为奴隶的鲁国人时，就会想：垫不垫钱去赎人？如果垫钱赎了人，回国后去不去报账？不去报账，岂不是白白丢掉一大笔钱？如果去报账，岂不是在行为上会遭人讥笑，显得自己的品格不高？于是就会装作没看见有鲁国人已沦为奴隶，这岂不是阻碍了对至今仍沦为奴隶的鲁国人的解救？

另一个故事：有一次，孔子的另一位弟子子路见到有人掉进水里了，他奋不顾身地跳进水中，把遇难者救上岸来，被救者酬谢子路一头牛，他收下了。孔子对子路的行为大加赞赏。为什么？这将会使得今后有更多的溺水者获得营救，因为救人于难是可以收受谢礼的，这就激励更多的人去冒险救人。

如果对这两个故事传递的理念进行总结，就是"格局不要大太多"！一些表面看来像是大格局的做法，实际上却会产生不良的后果。

为什么格局要大，又不能太大？这里面有矛盾吗？其实，格局是高维度的，而不仅是个利益大小的圈圈。大格局至少包含四个维度：

（1）格局圈要大，即更大空间、更长时间。

（2）大格局追求的既有物质又有精神。

（3）大格局更接近善。

（4）格局要有分寸——这几个维度体现得越全面，则格局越大。

因此，从高维的视角来看，希特勒的格局大吗？很多人的第一反应是，大！希特勒多有政治野心！但实际上，希特勒的总体格局并不大。这仍可以用黛朵问题中的一些定理来解释，比如同底等周的三角形中，以等腰三角形面积最大；周长相等的正多边形，边数越多的面积越大；如果同样是立方体，在表面积相等的情况下，扁平的立方体不如正立方体的体积大……希特勒的格局就像一个扁扁的立方体，某个面看似很大（因为极大的政治野心），但希特勒人性极恶，在善恶维度上评价极低，使这个立方体缺少厚度，简直薄如纸张、缺乏分量,并未实现真正的格局最大化。

正因为格局是高维度的,所以才有了"黛朵问题"中的球形体积最大——球形表面的任何一个点,离中心点的距离不偏不倚,它合乎中国古人所提倡的"中庸之道",最理想的格局正是如此。

从高维度来处理格局问题,就会有所为而有所不为,注重综合效应而避免不切实际的扩张,现实生活中的案例有很多。

2013年1月,河南兰考的一场大火,把袁厉害再次推到了媒体和公众面前。袁厉害起初只是当地一个普通的小商贩,但她在二十多年间曾经收养了一百多名弃婴和孤儿。因为收养弃婴,袁厉害在当地很有名,加上当地没有福利院,很多人会把捡来的弃婴送到她家中,甚至有时候医院发现弃婴,也会送到她家。由于她的善举,袁厉害曾被人们称为"爱心妈妈"。袁厉害接受电视台采访时说:"后来我养活的多了,吃不上,穿不上,住的地方也不好。我没什么衣服穿,我的袜子都穿破了。"

可是袁厉害的命运就在那场大火中发生了大逆转。她在火灾发生时收养了二十个左右的孤儿,孩子们寄养在两个地方,一处是自己所在的二层小楼自己负责照看;一处是郊区的一个住所,一位捡垃圾的老太太负责照看。出事的那一天,袁厉害不在家,孩子们无人照顾,因玩火不慎引发火灾,这场大火夺去了7条幼小的生命。

我们究竟该如何评价袁厉害?她究竟是好人还是坏人?从这次惨痛的教训中冷静地思考一下,袁厉害的问题似乎出在格局"太大",甚至超出了能力范围。袁厉害仅凭一两个人的微薄之力,并不具备妥善照顾这么多孤儿的现实条件,因此给自己背上难以承受的负担。袁厉害的问题让我们反思:把握好格局大小的分寸非常重要,过犹不及。现在我们不提倡未成年人见义勇为,也是同样的道理,每个人都有义务先保证自身的生存,再逐渐向大格局发展。

个人的格局如此,企业作为社会经济的细胞也是如此。2013年3月,无锡尚德电力正式宣告破产重整，这个曾经市值超百亿元的明星公司、曾经位列世界前三强的中国企业轰然倒塌。

尚德电力，在全球太阳能行业可以说是大名鼎鼎，是全球四大光伏企业之一。它创立于2001年，2005年在美国上市，成为我国第一个在美国交易所成功上市的民营企业。2010年年底，尚德电力的产能居全球第一，而无锡尚德是其母公司尚德电力在中国最重要的分支机构。

2012年，美国和欧盟相继对中国光伏产品发起"双反"，中国光伏产品失去了主要市场。有媒体分析无锡尚德破产的原因，既有外部原因（即产能过剩、地方利益驱动），也有内部原因（即过度扩张和决策失误）。

2013年6月初，欧盟委员会针对中国的太阳光发电产业征收反倾销税，平均达到47%；11月27日，欧委会发表声明称，对华反倾销税从11月28日起开始征收，这成了一个毁灭性的打击。

我们从中又吸取到一个惨痛的教训：即便光伏发电本身是朝阳产业，但是它盲目扩张，在国内还没有形成足够的市场时，就把目光盯向国际市场，这样很容易遭遇到国际市场的抵制，进而被征收反倾销税。也就是说，当一个事物违背自然规律盲目膨胀时，肥皂泡很容易破裂。

历史总是惊人地相似，让人感叹阳光底下无新事。格局要大，但不要大太多，这是历史反复提醒我们注意的准则。

就格局大小来说，也有做得比较好的范例。

在江苏镇江，大圣寺的住持昌法法师在寺内创办了一家安养院，截至2013年年初，有近200位老人在此生活，平均年龄已接近80岁，90岁以上的有6位。安养院除照料老人的饮食起居之外，还建立了老人的健康档案（老人的血型、疾病、常服药物等），老人们还形成了一个互助的群体，70岁帮80岁，80岁帮90岁，甚至80岁帮70岁的也有，这个养老模式非常受欢迎。

不过，随着老人人数的增加，资金成了问题，每年得由寺院从佛事、香火等收入中向养老院投入约20万元。即便如此，昌法法师仍选择了低调地回避媒体，不愿意通过宣传来获得更多善款。面对央视记者的镜头，昌法法师说："有好多（关于我们的新闻）是误传的，把我们说成好得不得了，其实我们没有那么好。视天下老人为父母，那个话太大了，我们做不到。我们就是做了一点平常的事情……我们这个安养院天天有人要来，我们就得不断回绝人家，为什么呢？因为我们这个安养院不能做多大，做大了就管不过来，管不过来就办不好，办不好还不如别办。要办我们就要办好，我们只要是接收一个人来，我们就对一个人负责到底。"

昌法法师甚至希望社会上的好心人不要随便给寺院的账户汇款，因为面对不明来源的钱财，寺院也会感到为难。

从昌法法师的态度中不难看出，他对安养院的维持和发展有着清醒的认识。无论这个社会多么需要此类具有标杆意义的安养院，无论他们已经取得了怎样宝贵的经验，无论各界舆论把他们抬到怎样的高度，他们都只做自身能力以内的事，这样才能履行更高意义上的社会责任。

有了这样一个范例，我们再来探讨更为普遍的话题。

当经济不景气、失业人口增多时，媒体就开始谴责企业以裁员方式应对的做法，称其缺乏社会责任，言下之意"裁员是不道义的"，这就有失偏颇。诚然，企业应该格局大一些，与员工共渡难关；但如果的确实力不济，在《劳动合同法》允许的条件下裁员也无可厚非。我们更期待企业做的是：接收一个员工，就要对他负责任，将劳动合同、基本保险、劳动保护、带薪休假、培训等都作为标配，这才是最理想的用工关系。至于被裁员的那些员工怎么办？要知道，这个世界不是只有一家企业，一个人可以有更多更好的选择。

让格局大一"点"

格局，在有形边界之外还有无形边界，这种情况可以用磁场来类比。图 3-7 所示是我们在小学做过的实验，铁屑在磁铁附近形成的分布——这是有形边界与无形边界的生动图解。

图 3-7　磁铁的磁场

磁铁的影响远在其物理范围之外，它允许力在更大的场中作用于其他物体。这也是磁场为什么被称磁力场的原因。

在实际生活中，每个人都有自己的"气场"，这也是很容易理解的。不同人的气场彼此交融，世界才有了所谓的人情冷暖。

场，就像是一面无形之墙，一面可以弹性伸缩的墙：由于生存的需要，每个人都会围起一面墙，把属于自己的财产保护起来，所谓"风能进，雨能进，国王不能进"，这只是一方面。另一方面，为了更好地生存，每个人也都在试图向外联结、试图扩展自己的领地，把更多的东西圈进来，就像磁场那样，扩大着自己的边界，于是那面无形的、可以弹性伸缩的墙就开始发挥作用。认识到这一点非常重要，它是人的能动性的体现。

前面提到，中国社会当下的道德困境其实是格局出了问题，那么又该如何破局呢？不妨在全社会倡导"大格局"意识！

就拿"老人摔倒了要不要扶"这个话题来说。2013年冬天下过雪之后，沈阳的一位大爷被骑摩托车的人撞倒了，撞人者把大爷扶起来之后，大爷说："孩子，我没事，我有医保，你赶紧上班去吧。"接着，这位大爷一瘸一拐地走了，只给人留下一个背影，让人们在这个冬季里感到很温暖。

这位大爷无疑是有大格局的，不过，还有一个不容忽视的人，就是拍下这组照片的见证者。如果没有他，大家就无从感受到这样一种温暖的存在。想想他为什么会拍下这组照片？当他目睹了有一位老人摔倒，又一个可能重蹈彭宇案覆辙的事件出现了，他是否有记录并保存证据的想法？当我们路过摔倒的老人身边时，未必都有伸手扶起老人的勇气，但至少可以有勇气成为一个见证者，主动为扶起老人的热心人作证，或拿出手机拍下照片，为热心人解除后顾之忧，这是很多人都可以做到的——让中国社会重拾温暖和感动所需要的大格局心态，其实离每个人并不遥远。

再举一个例子：2014年7月中旬的一天，网上有传言称"故宫着火了"，一时间引起了媒体和公众的广泛关注。起因是一位市民通过微博发布消息称，故宫的一处在修建筑冒起了火苗和烟，现场还"来了武警和消防车，现在正在喷水"。不过，事后核实发现，起火部位不在故宫博物院管辖区域，也不是故宫在修的建筑，而是离故宫几米之外的一个拾荒者摆放的杂物堆。

针对起火事件，故宫方面则表示：一些不法游商、社会流浪人员等一年到头徘徊在故宫周边的角落，严重影响公共秩序，对游客安全和参观秩序造成了恶劣影响。此前，故宫博物院曾通过各种渠道多次强烈呼吁工商、城管、公安等部门加强对故宫周边环境的治理，"此次火情的发生，再次说明加强故宫周边环境综合治理迫在眉睫"。

尽管故宫方面觉得委屈，但有媒体评论员一语道出了其中的关键：故宫为何不再向前走一步？对自己周边的环境也多加留意，这样才不会轻易引火烧身。

这则新闻事件折射出的正是中国当下"各人自扫门前雪,哪管他人瓦上霜"的道德窘境,而这既与精神维度未能充分解锁有关,也与心中之墙缺乏弹性有关,毕竟,内心之墙的弹性,恰恰就是精神世界富足的体现。

所以,面对中国的道德现状,我们需要的是更多雷锋吗?当然也需要,但这并非解决问题的根本出路。根本出路在于提升公民的格局意识,使平均格局大一点,只要大一点点就好!

如果"平均格局大一点"这一目标能够实现,其前景将会怎样?不妨想想2011年1月中国社会科学院于建嵘教授用微博发出的"随手拍照解救被拐儿童"的倡议,它所获得的良好效果正是人民群众汪洋大海的力量展示。

如果要给这种效果一个数字的话,不妨参考"长尾理论"(见图3-8)。

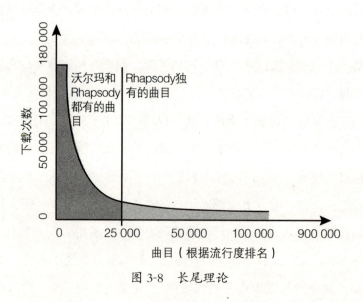

图3-8 长尾理论

"长尾理论"是由美国人克里斯·安德森(Chris Anderson)在2004年提出来的,它和"帕累托法则"相关,也就是著名的"80/20法则"("20%的人掌握 80% 的资源"）。

由于帕累托法则的存在，过去人们往往只关注 20% 的重点产品（或 VIP 客户），因为它们产生了 80% 的收益，效果很好；其余众多的非重点产品或小客户需要耗费 80% 的精力，却只能产生 20% 的收益，因此往往被忽略不计。

到了网络时代，情况发生了微妙却惊人的变化：每个人都有可能开网店，把自己的家庭当作仓库，于是就免去了大规模仓储的成本；通过互联网，各个商品和用户的潜在需求得以对接，再冷门的商品也可以轻松地卖出去，而且无须增加更多劳动成本。这样一来，剩下那 20% 的效益就得以实现了。由此看来，长尾理论同样强调了"人民群众汪洋大海"的巨大潜力。

格局方面是否也同样存在长尾效应呢？假如更多人能够把自己的格局扩大一点点，就很有可能使整个社会再向着良性迈进 20%。虽然这个数字并不大，但如果像某些社会学家所认为的那样，整个社会正在走向"溃败"，那么，这 20% 或许就意味着由死向生的转变，意味着走向复苏的可能。

为此，中国已经到了迫切需要提升国民道德的阶段了！如何提升？不妨把"大格局"理念引入学校的道德教育中，使道德不再流于空洞的说教，而是通过"大格局"把他人利益与自身利益统一起来！假使我们的年轻人都能拥有更大的格局，也将会逐渐影响到身边的朋友和家人。如此，中国的未来将更有希望！

第 4 课
CHAPTER FOUR

越联结越强大

2013年12月，中共中央组织部发布干部政绩考核新标准，从此GDP走下神坛！中国改革开放30多年，在某种意义上说就是GDP这个词从不知道到知道，再到走上神坛的历史。的确，GDP每增长1个百分点，就能拉动130万~150万人的就业。如果GDP不再成为考核官员的最高标准，那么如何保证就业岗位、如何保持社会整体向前发展？

核聚变的经济账

太阳是地球能量的主要来源。那么，太阳上的能量又从何而来？答案是核聚变。

所谓核聚变，是指由质量小的原子，在一定条件下（如超高温和高压），发生原子核相互聚合作用，变为较重的原子核，并伴随着巨大的能量释放的一种核反应形式。

比方说，最简单的核聚变原料氘和氚，都是氢的同位素。氢元素有三种同位素氕、氘、氚，它们的共同点是都包含1个质子，在元素序列上都属于氢，不同之处在于氕没有中子，氘有1个中子，氚有2个中子。氘和氚聚变成氦的过程，生成中子和氦核，如图4-1所示。

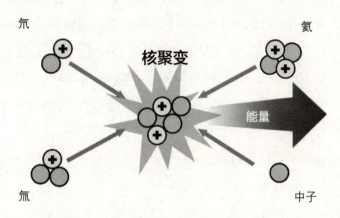

图 4-1　核聚变

一个氘原子和一个氚原子加在一起的质量大于聚变后生成的氦原子，其中失去了一部分质量。根据爱因斯坦的质能方程，消失的那些质量转化成了能量，向外释放。

人类社会中也有无数类似的现象：一个人和另一个人通过婚姻组成家庭，婚后把两份工资合到一起花，而支出却不到两份，自然就节省了开支。所以，从经济学角度看，结婚通常是"一笔划算的买卖"。虽然听上去有点冷酷，但这也是自古以来男大当婚、女大当嫁的内在原因之一。

同理，有大学生总结生活经验：两个关系较好的学生把饭钱存进同一张饭卡，一块儿搭伙买饭吃，原先每个人买一份饭和两份菜，现在合在一起买两份饭和三份菜，与之前相比，吃得又好又省。

现在国家鼓励大学生创业，但仅凭一个大学生独自创业，会遇到不少困难和挑战，假如几个人合伙创业，既能增加成功的可能性，也能分担失败的风险，这同样像是发挥核聚变的效能，正应了一句老话：三个臭皮匠，顶个诸葛亮。

这个世界，没那么简单

这个道理无处不在，但未必已得到最充分的利用，比如医生自由执业的问题。近几年来，有些高年资、经验丰富的医生从公立医院辞职，成为自由执业者。可是，失去公立医院的平台后，这些医生的创业之路却走得十分艰难。过去，很多社会办医并不纳入医保，因此很多患者不习惯到私人诊所就诊。而一个医生自身的品牌号召力和综合能力再强，其整合资源、选平台、开展项目、运营自媒体、塑造品牌等各项事务都要靠自己，也仍显单薄。所以，要使医生自由执业之路更加通畅，一是政策上允许民办医疗机构纳入医保定点范围并加快这一进程，二是购买医疗责任保险来分担医疗风险、降低患者的后顾之忧，三是吸引更多医护人员、经营管理者和社会资本加入。总之，如果感到力量单薄，就应寻求联结，这是一个古老的常识，就像太阳上发生的核聚变一样，通过让渡自己的一部分权利和自由，挖掘出更多的潜能。联结，是永恒不变的硬道理。

在城市或城镇中，劳动者的分工明确、相互交换劳动成果，因此"联结"程度较高。而小农经济的贫穷落后，其根源恰恰在于分散经营，难以形成更高层级的社会分工合作。不妨看两个鲜活的例子。

张曙光在《土地流转与农业现代化》一文中提到了北京通州区于家务乡前伏村的案例，它离通州 10 千米，是北京市少有的几个少数民族农区之一。于家务乡的土地流转主要发生在 2003 年，特别是 2008 年以后。于家务乡很穷，人均收入只有 3 000 元。文中提到：

前伏村土地流转的对象是神农河谷稻香农业发展有限公司，开始谈判是一亩地每年给农民 700 块钱的租金，老百姓不愿意，认为太低。后来改到 800 块钱，这样同意的比例从 50% 提高到了 70%。干部又给大家算了一笔账，大家种地，一茬儿小麦，一茬儿玉米，最后净收入也就六七百块钱；如果把土地租出去，不用费心就能挣这么多，家里的劳动力还可以空出来出去赚钱。这样，大家都同意了，就把土地先流转给集体，再由集体把土地流转给公司。一亩土地的租金是1000块钱，其中800块给农户，200块给村集体。公司种的是太空育种的甜高粱，做生物能源的加工。要流转就要整理土地，村里2000亩地要一次流转。结果一整地，沟壑填平后多了130亩，这就成了集体财产。所以，除了每亩200块钱的收入外，这130亩的租金也是集体的，这个村的集体也就有钱解决欠账问题了。

流转后的经营基本没有太大变化，土地公司自己并不种，而是由村集体用拖拉机进行大规模耕种，但管理仍是一家一户自行管理，除草等工作也还是农民自己做。产品达到标准后，公司就把工资交给村集体，村集体再下发到各农户。现在，租金加上劳动收入，老百姓的收入翻了一番，人均收入达到了5700多块钱。

在该案例中可以看出"相互联结"的效果：通过适当的集中与合理的土地置换，可以避免以往过于分散造成的土地浪费，既能推进新农村建设，又能避免耕地红线失守的尴尬。

还有，互联网时代的O2O模式，即"线下体验、线上消费"，是近几年诞生的一种新的销售模式。消费者在实体店看中了某一件商品，然后到网上商城下单购买，这样就能省不少钱。天猫推出了O2O战略后，鼓励品牌商在线下实体店挂LOGO、贴标识、扫二维码、收优惠券，并安装POS机，将款项直接刷到支付宝上，这种线上线下的联动无疑具有联结色彩，是尊重客观规律、整合旗下资源走出的一步妙棋。

可是，互联网企业的这种做法却动了实体店的奶酪，因为这样一来，实体卖场反成了电商的免费打工仔。于是，2013年光棍节期间出现了一条新闻，包括居然之家、红星美凯龙等在内的19家家居商城联合起来抵制网上商城的促销活动，明确规定"不能变相让卖场成为电商的线下体验场所""未经卖场允许，不许利用卖场的商标、商号进行宣传，不许通过电商移动POS将卖场的业务转至他处交易"。从实际效果来看，面对电商的强劲攻势，实体店的抵制恐怕是很难奏效的。

　　显然，实体店要想从未来的商业利益中分得一杯羹，依然需要联结的思维。比如有些传统百货商场主动表示，愿意做天猫"双11"期间的试衣间，欢迎顾客到商场抄货号去线上下单。还有的品牌则自己建立了线上线下双联动的模式，消费者在该品牌天猫旗舰店下单后，既可以物流送货，也可到该品牌当地的实体旗舰店自提，确保以优惠价格购买到的是正宗产品，这样就理顺了厂家、天猫和卖场经销商的关系，其制胜法宝无他，仍是联结。

　　关于联结，其实以往早已有很多成功做法，比如连锁店、加盟店、战略合作伙伴、互相派发优惠券、免费试用等，每一种成功被市场验证的商业模式，几乎无一例外地属于相互联合的生动案例。如果实体店认真地去琢磨如何取长补短，或许也能找到新的增长点。再或者，转变固有思维，变被动的、消极的抵制为积极应对和华丽转身：毕竟实体店和网店各有所长，随着网上商城的攻城略地、快递行业的异军突起，实体店作为商品销售的角色必然会渐行渐远，但它仍将永远保留一定份额，因为某些消费活动永远不可能让网银和快递员代劳，比如餐饮、休闲、娱乐等，这些行业的潜能还远未被充分释放。希望有一天，我们每逢节假日依然兴致勃勃地去商场，因为那里有电影院、话剧舞台、球馆、游泳馆、拓展培训基地、文化讲座、技能培训、体验馆、真人CS、马术俱乐部，以及来自世界各地的餐饮美食……

潜能是个天文数字

　　一个原子和另一个原子结合固然能产生能量，但终究是微弱的、局部的能量。太阳之所以具有强大的能量，在数十亿年间不断发光发热，是因为太阳上有无数的原子发生着聚变。

太阳每秒辐射到太空的热量相当于一亿亿吨煤炭完全燃烧产生热量的总和，相当于一个具有 5200 万亿亿马力的发动机功率。其中，每秒钟到达地球表面的能量高达 80 万千瓦时，相当于太阳每年送给地球 100 亿亿度电的能量。如果能把到达地表的太阳能中的 0.1% 转化为电能，转化率为 5%，每年发电量可达 5.6×10^{12} 万千瓦时，相当于目前世界上能耗的 40 倍左右。这一系列天文数字，大得超乎想象。

在日常生活中，也有些数字似乎超出想象。湖南卫视 2014 年黄金广告招标会上，《我是歌手》第二季仅拿出了冠名和插播广告两项，就已获得了共计 8.71 亿的广告费。如果再加上特约合作伙伴、软性植入广告、节目互动广告等，总广告费达十几亿元，听起来似乎相当不错，但与 2014 年"双 11"天猫的 571 亿元交易额相比简直是小巫见大巫，有人因此作了不恰当的对比，说湖南卫视这么火爆，也只是天猫的一个零头，那么将来电视台会消失吗？应该说，这个比较的层级不对等，是拿一家单位和一个行业去比，当然不是同一个量级。

其实要说天猫等电商的火爆，在很大程度上要归功于快递行业近几年的蓬勃发展。

绝大部分电商，都要和快递进行合作，它们的合作就像单个原子之间的关系。快递对电商执行的收费标准比普通散户更优惠，因此电商也会固定与某一家或某几家快递形成长期合作关系。对于快递公司来说，价虽低但量大，也能有不少的收益，于是双方实现了共赢。

各种网上团购，从出现之日起至今仍被广泛采用，相信未来仍将继续存在，因为无论买家还是卖家都能从中受益，这也像很多个原子的核聚变能形成更大效能一样。

下面来看几个更有意义的例子。

这个世界，没那么简单

山东临沂有一家"1元公寓"，面向来临沂打工但未找到固定住处的务工人员，住宿每天1元，吃饭每天10元，8人一间，24小时供应热水（可洗热水澡），最长可住1个月。投宿者还能享受免费的职业介绍、就业培训、维权等，用人单位进场招聘也全都免费。

尽管刚开始时入住不满，一年只能收回几十万元，亏损一百万元，但政府把它当作为进城农民工排忧解难的民生工程，每年用财政拨款来维持其正常运营。关键是如果算一算经济效益和社会效益的总账，还是"赚了"：经济效益方面，该公寓最多时可容纳5 000人，即便按照每天800人住宿的规模，如果给每个农民工每天省10元住宿费（这是一个非常保守的数字），一年就将近290万元。社会效益方面，以往许多进城打工的农民工找不到住处，会在车站候车室等公共场所凑合过夜，自从有了"1元公寓"之后，不仅解决了城管、交通部门曾经面对的难题，也解决了劳务市场脏乱差的混乱状况，有利于社会治安的稳定。

另一个很好的例子是浙江富阳市有个仅800多人的莲桥村，村里依山建了个符合国家标准的泳池，长50米，宽21米，设施齐全，每逢暑假就能看见孩子们嬉戏其中。为了建这个游泳池，莲桥村共花了150万元（包括集体经济收入和部分上级部门的下拨资金），建成后完全免费开放，每年村里还要花3万元管理维护。莲桥村虽地处浙江，但经济状况并不是太好，一年集体经济收入只有约20万元，游泳池维护费几乎要花掉七分之一。但是，为了让孩子们暑假游泳有一个安全场所，村里愿意投入这笔不小的费用，甚至把安全管理员送到杭州进行专门培训。一个并不富裕的村子有如此魄力，确实具有示范效应，否则我们每年都会看到各地农村儿童溺亡事件不断发生，让人痛心。

还有近几年被广为关注的桑植医改。从2011年8月起，湖南省桑植县的农民如果参加了新农合，只交150元的起步费用，可在乡镇卫生院享受住院全报销。桑植县其实是国家级的贫困县,也没有特殊的优惠政策,而且是湖南最后一个实施国家基本药物制度的县城,谁来为农民看病埋单呢?据相关人员介绍,150元起步费以上完全由县里托底,主要资金还是来自于国家新农合的基金。

桑植医改的关键就在于积沙成塔、集腋成裘的效果,其实和商业保险是一个道理。而且自从实行该制度后,乡镇卫生院的就诊人数比之前平均每月增加500人,过去很多不被重视的常见病和多发病,诸如高血压、慢性支气管炎、摔倒所致的外伤等,老百姓也更愿意去治疗了。表面看来增加了医疗花费,但却避免了小病拖成大病,总体算下来还是省钱的。其中还有一个经验是,医务人员的工资由政府拨款,这样医生就不需要靠过度开药、过度服务搞创收。通过这样的医改,桑植的乡镇医疗卫生院就能回归公益性质。由此可见,相互整合与联结十分重要。

还有一个案例是河北省青县通过"相互联结"来提高生活水平。青县的财力不算强,在河北省乃至全国都属中等水平,可是该县在民生方面却创造出自己的"青县模式",尤其是独具特色的农村养老制度。在青县,25~64周岁、具有青县常住农业户口的人员可参合,缴费标准为3 800~4 800元(可一次性趸交,也可按年缴纳)。年满65岁之后就能领到不低于1 200元的养老金。为什么其他地方的农村做不到,而青县做到了?其中有项规定很有启发:只有全村参合率达到80%的规定标准,村民才能加入合作养老;如果全村整体参合率低于80%,全村人都不能加入合作养老。还有家庭成员之间的参合关系,凡达到65周岁的老人,可以缴纳100元注册费,免缴参合费而直接受益,但条件是其适龄子女、孙子女及其配偶全部参合;如果亲属有一位不参加,那么老人也不能享受养老金。这样就通过利益捆绑,最大程度发挥了联动作用。这个例子和桑植医改等案例一样,都是穷县实行的富政策,而青县模式显然对"相互联结"的开发更为充分。

因"联合"释放出来巨大能量的例子还有很多，在未来值得关注和大力推进的还有家庭农场。家庭农场概念于2013年初在中央一号文件中出现，即鼓励和支持承包土地向专业大户、家庭农场、农民合作社流转。显然，家庭农场由于实行规模化、集约化、商品化生产经营，能克服自给自足的小农经济的弊端，为社会提供更多、更丰富的农产品，因而具备较强的市场竞争能力。

不过，这一梦想的实现还面临着诸多挑战，由于中国农村土地产权模糊和农民的惜地意识，许多农户不愿长期出租土地，而且多数农户承包地极其细碎，要租到成方成片的耕地并确保租期较长且相对稳定仍有较大困难。此外，一些农民即便已流转到大量土地，但昂贵的租金占用了大量流动资金，自己又无财力完成土地整理，这些地依然被分成若干小块，遇上机耕道时只能自己扛着小型农机到另一块田里去。显然，如果土地和土地之间不能相互"联结"，家庭农场的风吹麦浪就是一个难以实现的梦想。

2014年春季，中央政府提出了我国城镇化的目标：2020年城镇化率达60%左右，实现1亿左右农民在城镇的落户。"城镇化"这个概念背后蕴含的显然也是"联结"原理。城镇化的关键问题或许并不在于户口的差别，也不是产业类型的差别，而在于联结程度的差别。

有了"相互联结"的理念，我们可以想象：有那么一天，农村居民通过自愿的方式进行村内土地流转和整合，搬进楼房，依然享有和以前一样宽敞的居住面积，但生活设施却像城里人一样完备；由土地流转整合和节省出来的耕地进行集约化生产，愿意种地的农民依然可以种地，只不过是在集体所有的企业化的农场中，并接受统一技术培训和指导……也许到那时，农民就能从相互联结中分享到更多改革红利。

能量晋级的门槛

如果说,联结的道理早已为多数人知晓,但仍有些更深层的规律常常被忽视,由此带来了很多领域发展过程中的盲目性。

我们可继续参考太阳的核聚变。赵凯华在《定性与半定量物理学》一书中介绍了太阳核聚变的顺序(见图4-2)。

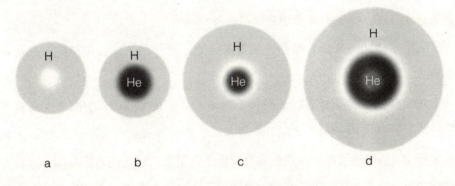

图4-2 核聚变的层次

恒星内氢的燃烧是在中心区进行的,燃尽中心区的氢之后就熄火。这时它的物质构成如图4-2 b所示,中心区主要是燃烧生成物——氦,外围仍主要是未经燃烧的氢。此后恒星失去能源,又开始在引力作用下收缩。引力收缩使恒星内部的温度全面升高。再次点燃的首先不是中心的氦核(因其点火温度要高得多),而是中心与外围之间的氢壳(图4-2 c)。在此阶段中心区处于高温状态但没有核能源,它将继续收缩。而氢壳外的氢层将猛烈地膨胀和降温。这时这颗恒星由正常状态(所谓主序星)变成了体积和光度很大的红巨星。当此过程进行到一定程度,中心区达到氦点火温度,恒星进入下一个燃烧阶段——氦燃烧阶段(图4-2 d),重复着上面一系列过程。

这个世界，没那么简单

把上面这段话说得通俗一点，即核聚变有一个顺序，从最低层级的氢元素开始，然后逐级递进。越简单的原子，越容易相互结合，而越往上，所要求的点火温度越高。

现实生活中的情况似乎也是如此：一个人和另一个人相互联合是非常容易的，比如每天都有无数对新人携手走进婚姻殿堂，每天都有无数笔小买卖达成交易，这非常容易。但体量庞大的单元，实现联合的概率就比较低了，如大企业并购重组之类的事件虽不时发生，但却没有那么频繁；再往上，诸如欧盟之类的国家间横向联合更是数十年才出现一次……这不正像越小的元素越容易升级，越大的元素则升级门槛越高吗？

无论整体如何升级，都必须从最基础的元素开始，这种规律应引起足够重视。

2009年底，美国《时代》周刊（Time）年度人物揭晓，中国工人成为当年榜单上的唯一上榜群体。《时代》评价称，中国经济顺利实现"保八"，在世界主要经济体中继续保持最快的发展速度，并带领世界走向经济复苏，这首先要归功于中国千千万万勤劳坚韧的普通工人。这些普通工人不正像是社会中最微小的氢原子吗？他们绝大多数来自农村，也是中国的弱势群体之一。

快递行业的兴起与之类似，实现梦想总是从最微小的积累开始。这几年，我们见证了快递行业的迅速兴起，也充分享受了这个行业给我们的生活带来的便利。相较于中国近年来8%左右的GDP增幅，快递行业的增长速度竟然保持在20%以上。为什么是快递？因为它在技术上几乎是零门槛，需要的主要是勤劳的双腿。根据《2013—2017年中国快递业市场前瞻与投资战略规划分析报告》显示，中国快递服务从1987年起步，经过20年的发展已取得了长足的进步。截至2006年底，从业人员22.7万人，实现业务收入约300亿元，分别是1987年的693倍和375倍。到2010年末，从业人员增长为54.2万人。而据2011年12月《快递业服务"十二五"规划》提出的目标，到

2015年,从业人员总数达到100万,业务收入超过1430亿元。如此众多的快递从业者,就像太阳上一个个氢原子一样,他们是这个社会中最基础的单元。也正是在快递业充分壮大的基础上,众多电商、网上商城才如鱼得水。

另外一个典型的案例是纺织业和服装业在全国的发展轨迹,它更加形象地描绘出一个行业发展壮大的路线图。

中国纺织业的产业转移可以说经历了三个时期。第一时期从1949年新中国成立以来到1978年改革开放之前,纺织行业"从集中到分散,从东南到全国";第二时期从1979年开始,我国东部地区利用得天独厚的区域优势,承接了以劳动密集型产业为主的加工产业,形成了"从分散到集中,从全国到东南"的发展格局;第三时期则从21世纪初开始,纺织服装行业开始了"从东到西,从南到北"的又一次转移。

显然,这三次迁徙的路线图中有着很清晰的"能量层级"变化:第一时期全国百废待兴,全国都在最低水平上各自发展纺织业(相当于最初的氢元素开始燃烧);第二时期是在第一时期有所积累的基础上,东南地区率先升级并引领纺织业的发展(相当于氢元素燃尽后形成氦核);第三阶段则是相对落后地区的技术升级和发展(相当于氦核外层的氢壳燃烧)——这个过程与太阳上核聚变的层级顺序也非常相像。

可惜的是,并不是历史上的每项政策都如此脉络清晰,我们也因此走过一些弯路,比如农村小学的撤点并校政策。

20世纪80年代中期以前,中国基本以"村村有小学,乡乡有初中"为原则,学校要设在村庄2.5千米之内,以便学生就近上学。但这样一来,农村中小学就出现了布点分散、班额小、教育资源浪费、教学质量不高等问题。于是,我国从20世纪80年代中期就开始陆续撤点并校,2001年又正式对全国农村中小学重新布局,大量撤销农村原有的中小学,使学生集中到小部分城镇学校。从1997年到2010年的14年间,全国减少小学371 470所,其中农村小学减少 302 099 所，占全国小学总减少量的 81.3%。这项政策的实施在某种程度上确实整合了农村教育资源，降低了生均教育成本。不过新的问题又产生了，有研究显示，撤校后学生上学距离平均变远 4.05 千米，更远的甚至要走三四个小时，安全隐患增加；有的学生每天坐班车到中心校上学，又出现了班车安全问题和费用问题；还有的偏远乡村没有公路，无法通勤，只能让学生住校，因而产生的住宿费用平均每年 1 157.38 元，成为农村家庭的额外开支，这种种弊端又使得撤点并校后的辍学率回升。到了 2007 年，针对许多民众反映的此类问题，教育部做出回应：今后农村中小学布局调整要按照实事求是、稳步推进、方便就学的原则实施，农村小学和教学点的调整，要在保证学生就近入学的前提下进行，在交通不便的地区仍须保留必要的小学和教学点，防止因过度调整造成学生失学、辍学和上学难问题。至此，"强行撤并"相当于被叫停了。

从原理上看，设在村里的学校就像是教育系统中最低层级的氢原子，如果它的存在和发展不能得到保证，整体效果就会打折。因此，还是应从最基础的村点布局开始，让农村学生就近入学，这和太阳上核聚变的原理是一致的。如果农村普遍教育得不到保障，寄希望于通过揠苗助长的方式提升教育质量，显然也不符合科学精神。

类似的误区还有不少，比如关于桑植医改如何推广的问题。有人认为，既然桑植医改模式非常好，那就应该继续往县级医院和村卫生室去延伸和推广。这里面恐怕存在理论陷阱和实际操作方面的困难。

从原理上说，县级医院的层级更高，村卫生室的层级则更低，它们所需的"点火"条件不尽相同。如果向上推广到县级医院，就需要大量的县财政来支持，新农合的钱就远远不够了。更关键的是，县一级涉及的城乡居民将更为复杂，其中不乏一些患者的医疗要求和花费较高，150 元的统筹标准未必能满足所有人的就医需要。反之，如果向下推广到村卫生室，则相当于在村内进行统筹，总体盘子又不够大，经费就难以保证，相关数据偏差也可能比较大，假如碰上癌症村之类的就会出现问题。而且桑植模式还有一个细节是：乡镇卫生院离各村并不算太近，所以不会有那么多人有事没事跑去看病，假如放在村卫生室就很难说了。

所以，桑植医改的成功模式的确是非常值得推广的，但怎样推广，恐怕用"能量层级"来衡量更准确些，比如在全国其他地方同是乡镇卫生院这一级推广。或者考虑到不同地区的发达程度、人数多少，把层级适当下移或者上移。

以上这些现实的案例说明，能量的升级要按照一定的规律，不能脱离客观层级的限制。通常来说，从最低能级开始引爆可能性更大。

因此，让我们把目光重新聚焦于中国广袤的农村。按照上述推论，农村将成为下一轮经济增长的引爆点并且后劲很大。现在，很多劳动密集型产业正在从东部向中西部地区转移。既然如此，也就到了让中西部地区农民工回乡就业的时候，让中国产业工人这些劳动力在中西部继续发挥作用，这种转移的影响将是深远的。如果农民工不必背井离乡、远赴京津沪渝等大城市打工，留在家乡，就能通过家庭农场、乡镇企业、当地城镇化等来解决就业，既能挣钱改善生活，又免去了留守儿童、春运一票难求等诸多难题，这是符合客观发展规律的。

值得注意的是，东部发达地区的发展速度会因此略有放缓，就像图4-2 c中"燃尽中心区的氢之后就熄火……在引力作用下收缩"一样。接下去，打工者回到家乡附近的二三线城市或者小城镇，改善自身生活的同时也为中西部地区贡献力量，就像"再次点燃的是中心与外围之间的氢壳"。而东部地区的务工人员会相对减少，正如"在此阶段中心区处于高温状态但没有核能源，它将继续收缩"，这种放缓只是暂时的，可谓是一个韬光养晦的阶段，发达地区应当在这样的背景下，主动肩负起下一轮产业升级的重任。于是，"当此过程进行到一定程度,中心区达到氦点火温度,恒星进入下一个燃烧阶段——氦燃烧阶段"。由此看来,劳动密集型产业从东部向中西部地区转移,是有着内在逻辑且符合自然规律的,国家的相关政策应当因势利导。

同样以能量的视角,我们来分析一下当今中国面临的中等收入陷阱。

世界银行《东亚经济发展报告(2006)》提出了"中等收入陷阱"的概念,基本涵义是指:一个国家的人均收入达到中等水平后,由于不能顺利实现经济发展方式的转变,导致经济增长动力不足,最终出现经济增长停滞的状态,在工资上无法与低收入国家竞争,在尖端技术研制上无法与富裕国家竞争。

国际上公认的成功跨越"中等收入陷阱"的国家和地区有日本和"亚洲四小龙",但就比较大规模的经济体而言,仅有日本和韩国实现了由低收入国家向高收入国家的转换。日本人均国内生产总值在1972年接近3 000美元,到1984年突破1万美元。韩国1987年超过3 000美元,1995年达到了11 469美元。从中等收入国家跨入高收入国家,日本花了大约12年时间,韩国则用了8年。按照世界银行的标准,2012年我国人均国内生产总值达到6 100美元,已经进入中等收入偏上国家的行列。

《人民论坛》杂志在征求50位国内知名专家意见的基础上,列出了"中等收入陷阱"国家十个方面的特征,包括经济增长回落或停滞、民主乱象、贫富分化、腐败多发、过度城市化、社会公共服务短缺、就业困难、社会动荡、信仰缺失、金融体系脆弱等。

如何摆脱中等收入的陷阱?如何以可持续的方式保持高速增长?一定要有清晰的思路和顺序,不妨想想太阳核聚变带来的诸多启示吧。

独孤，只是个传说

如果恒星的质量足够大，核燃烧将按照下面的顺序一个阶段一个阶段地进行下去：氦燃烧的产物是碳，氦熄火后，在温度达到109K左右碳被点燃，在一系列核反应中生成16O、20Ne、23Na、24Mg、28Si等核。碳熄火后，中心区的温度继续上升，开始点燃氧，过程中新增添了31P、32S等核。继氧熄火之后，硅、镁等陆续燃烧，直到恒星中心区剩下的大部分是铁、镍等元素为止。

把这段话说得通俗一些就是：铁、镍等质量很大的原子，并不能脱离于环境而产生。并不会有哪个原子，从一个小小的氢原子开始，一路通过不断聚变而独自成为铁、镍等原子，一骑绝尘、独孤求败，这样的事是不合天理的。再高级的原子也需要等待，等周围的环境升温，自己才能继续升级，并且还能保持生命的活力。同理，一个富裕的人，要等待周围的人也富裕起来，自己的能量级才有望继续提升；先富的人带动后富起来的人，事实上也是为自己进一步升级创造条件。

2012年11月中国共产党第十八次全国代表大会报告中提出"2020年实现国内生产总值和城乡居民人均收入比2010年翻一番"，这被称为"收入倍增计划"。显然，收入倍增计划的目标正是使环境升温，如果不能实现藏富于民，国民消费能力不高，今后的发展将越来越困难（在中国拉动经济的三驾马车中，消费仍是相对滞后的）。

那么，如何实现收入倍增？换言之，经济环境升温的热量从哪里来？无非是"先富起来的人带动后富起来的人"，也就相当于利用先前原子核聚变之后释放出的能量，使得整体升温。

最近一些年，农村大学生回乡创业的事，我们已经在媒体上听到很多，虽然已引不起惊奇了，但依然能让人感动，因为就此脱贫致富的不仅是创业者本

这个世界，没那么简单

人，还有他们一方水土上的父老乡亲。每一个鲜活的案例都各不相同，有的当上了小羊倌，有的成了养苍蝇专业户，有的开办养鸡场，有的做绳网加工，有的开乡村计算机服务中心，还有被称为"蜂哥""土豆妹""兔女王"……在大学生就业压力不断增大的今天，这些优秀典型为更多大学生，尤其是来自农村的大学生提供了榜样。正如一个个高层级的铁原子，印证了钢铁是怎样炼成的。

还有一个更为重要和普遍的领域，就是中小学教育资源如何均衡的问题。事实上，不太可能让最优秀的教师去最偏远的山村，这就像让一个铁原子用热量去拉动氢原子聚合一样，差的层级太多、能量层级不匹配，这需要教师有非常大的奉献精神，穿越重重障碍，实现起来很有难度；但相邻层级之间的流动和轮岗还是很有可能的，比如县一级的老师到乡一级的学校轮岗、乡一级的老师去村一级的学校轮岗，以此类推，再把轮岗和业绩考核、职业晋升等相挂钩，才是比较现实的解决之道。

与之相类似，医疗资源均衡也是如此。有专家提出："首先要把这个医生变成一个社会人，也就是说这个医生他跟单位必须是相对独立的……你的社会保险、你的住房、你的养老都是社会提供的，并不是某个固定医院的医院人，必须离开了这个背景，你再谈多点执业，才有制度基础。"

但是，这一设计未必适合所有人。众所周知，一个好的平台对于个人的职业发展来说有着举足轻重的作用。正如有的医生坦言："你如果有幸在协和医院培养，你的水平可能就是协和医院的水平；但是如果你不幸到一个县级医院去，那你的水平，基本就是一个县级医院的水平。"

如果一个医生不隶属于某家大医院，那么就相当于重新被降级成一个氢原子，他能够发挥的作用依然是有限的。在多点执业这个问题上，要尽量考虑到能量层级的秩序。曾有一个公益广告，画面上一个失明的农村小女孩，字幕提示"不资助她！"，画面上又出现一个从农村考上大学的眼科医生，字幕提示"资助他！"其原因在于资助一个眼科医生，可以帮助更多失明的孩子。也就是说看似最弱势的群体是最需要帮助的,但也要讲究效率和智慧,能量在相邻层级间的逐级流动更值得提倡。所以,常规情况下,三甲医院的医生到普通的市级医院、市级医院医生到县级医院、县级医院医生到基层医院……这将是多点执业的最佳方案。

能量在相邻层级之间的交换和拉动更符合客观规律,这不仅体现为从上向下的流动,也同样适用于从下向上的流动。比如说进城务工,很多人把打工的目的地设定为一线城市,未必是最优选择。一线城市固然有更多的机会,但生活压力也大得多,容易让人没有归属感。

不过,让人欣慰的是,越来越多的人意识到这一点,于是开始"逃离北上广"。随着产业向中西部地区转移,这种选择有望变得更切合实际。2014年初,智联招聘公布网络招聘大数据信息。其中,2013年,90后高校毕业生里有61%主动逃离一线城市,前往二三线城市工作和生活。而这个数据,在2011年时还是46%。《新周刊》整理的放弃北上广的理由,主要有三大方面:房子、户口、幸福感太低。

于是,有人这样形容:一线城市是江湖,二线城市是道场;一线城市是现货,二线城市是期货;一线城市拼智商,二线城市拼情商;一线城市有优越感,二线城市有归属感;一线城市有文化,二线城市有闲情;一线城市是"飘之城",二线城市是"一生之城"。

无论怎样来描述,每一个社会成员,都有最适合自己生存和成长的能量级,其中似乎蕴含着与太阳中元素升级相同的规律。

裂变后的涅槃

释放核能的方式有三种，除核聚变之外，还有核裂变、核衰变。我们耳熟能详的原子弹，其原理是核裂变，也就是一个原子核分裂成几个原子核，比如重元素 U235（铀-235）裂变成 Ba141（钡-141）、Kr92（氪-92）和 3 个中子，同时释放出大量热能（见图 4-3）。

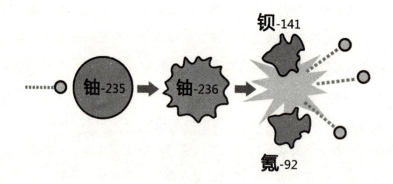

图 4-3　核裂变

为什么会发生核裂变呢？这与强核力和电磁力的大小有关（这是大自然中四种基本力中的两种），两者的相对强度之比是 100:1。

强力的作用是什么呢？人们很早就知道，质子和中子是由两种夸克组成的（分别称为上夸克和下夸克。质子由两个上夸克和一个下夸克组成；中子由两个下夸克和一个上夸克组成），这就是强力起作用让它们捆绑在一起的结果，强力是四种力中最强的，因而被称为"强力"。

不过，强力的作用程非常短，只能作用在夸克之间，甚至超出一个质子或中子范围之外时就失效了。与此同时，质子带电荷，当然也就存在着电磁力,由于同性相斥,所以质子间的电磁力总想把原子核炸开,这和强力的捆绑产生了对抗和博弈。

博弈的结果将会如何呢?这与原子序数有关:既然强力比电磁力强大约100倍,那么当原子核含有100个以上的质子时,电磁力可以相加,而强力作用程太短不可加,于是电磁力将占优势而使原子核变得不稳定。这就解释了"为什么稳定元素数量是有限的"这个问题,即质子数超过100的元素都是不稳定的(甚至有些质子数不到100的也不稳定)。原子序数大于92(即铀元素)的元素统称超铀元素,基本都是由人工核反应发现和制取的,至今发现的有18种,这些超铀元素既不稳定,也很难收集。

值得注意的是,原子序数也不是越小越好。前文在介绍核聚变时曾提到,太阳上的核聚变基本上到铁、镍等元素为止,这种不大不小的中间状态在能量级上是最为稳定的。似乎各种元素都有向这个中间态演变的趋向,不仅轻核会逐步聚变至铁、镍等元素,而且重核分裂为较轻核(到铁为止)的任何过程在能量关系上也都是有利的,因为原子核中质量-能量的储存方式以铁及相关元素的形态最为有效。

尽管越联结越强大,但似乎从个体角度来说,存在着某种合适的上限:一个人拥有财富的多少,也像是原子的质量一样,未必越多越好,财富太多会引发诸多问题,比如挥霍无度、精神空虚、吸食毒品等,还容易招来意外风险。有钱人未必幸福,这也许和元素越大越不稳定有相通之处。

与之类似,开一家百年老店是多么不容易,巨无霸式的企业也总要应对更大的挑战。还有很多国企和央企,就像是那些人工制造出来的、体型庞大的重元素,尽管有着得天独厚的政策庇护,但其生存能力仍令人担忧。而且,连政府部门也可能面对同样的问题。

就拿原铁道部为例,据2010年相关财务报告显示:其总资产达3万多亿元,负债近2万亿元,累计亏损达772亿元。前期的巨额投资花的是纳税人的钱，运作中亏损需要补贴也由纳税人掏钱，最后负债累累时还是由老百姓来为之兜底。当这样一个庞大体量的机构不再对这个社会贡献出应有的能量时，还不如把其中的一部分拆分出来，以释放能量。

2013年大部制改革，铁道部被一分为二，一部分作为国家铁路局并入交通运输部，负责拟订铁路发展规划和政策，拟订铁路技术标准，监督管理铁路安全生产、运输服务质量和铁路工程质量等行政职能；另一部分成立中国铁路总公司，承担原铁道部的企业职责，负责铁路运输统一调度指挥，经营铁路客货运输业务，承担专运、特运任务，负责铁路建设，承担铁路安全生产主体责任，等等。通过此次大刀阔斧的改革，实现了俗称"铁老大"的政企分开，这似乎就像一次"核裂变"的过程，借此使其焕发出新的生机与活力。

按照这个思路，看看国企和央企的未来。这些体型庞大的恐龙，犹如一个个重量非常大的原子，当它们经营不善、岌岌可危时，或许说明它已符合裂变条件，到了该整顿、重组的时候了。

更有意思的是，聚变和裂变可以同时进行，氢弹和原子弹的区别就在这里。原子弹的原理是核裂变，因此叫单相弹；氢弹使用原子弹裂变产生的高温引发聚变，因此叫二相弹。在氢弹中，氘和氚的聚变需要极高温度（20 000 ℃以上）使它们变成等离子体才能发生，这些热能又从哪里来呢？它先是由内部小规模的核裂变提供的，因此说，在二相弹中，聚变和裂变可能一起发生。

政府购买服务是近年来政治制度改革的一个方向，它就像是某种"二相弹"，裂变和聚变同时发生。原本，公共服务产品都是由政府来提供的，但会导致政府机构臃肿、行政效能低下。现在，政府简政放权，把其中的一部分工作交给社会，再由政府购买这些服务，如此一来便可节省开支、提高效率（这正如一个很重的原子发生裂变，把自己切割成几个部分，在此过程中释放出能量一样）；接下来，剥离出来的工作又给社会提供一部分就业岗位，原本分散的劳动力和资源进一步整合，形成新的公司或企业（像核聚变一样释放更多的能量，形成类似二相弹的连锁反应）。

看看具体的案例。在2012年出版的《中国反腐倡廉建设报告No.2》中，提到上海警务车辆社会化集中管理的改革模式："上海市公安机关……推出全日制、常日班制、弹性制三种车辆集中管理模式……一是全日制管理模式。主要适用于车辆较多且较为集中，数量在30辆以上的单位。委托管理企业负责警务车辆使用调度、日常维护保养、加油保洁、年度检验和车辆送修以及车辆使用信息录入等工作，并设车辆调度室，管理人员提供24小时管理与服务。二是常日班制管理模式。主要适用于车辆数在15辆及以上30辆以下，夜间用车不多的单位……管理人员提供8～12小时管理与服务。三是弹性制管理模式……委托管理企业采取巡回上门服务的形式，对车辆进行保养、清洁和检查，并采集车辆使用的各类信息……针对警务车辆社会化集中管理过程中部分民警反映'车辆调派透明度不高，存在人情车、挑车、囤车'等问题，上海市公安局及时建立车辆使用动态管理、对委托管理企业的监督检查、车辆管理运行评估'三项机制'，确保警务车辆规范管理'无缝隙'。实行社会化集中管理以来，上海市警务车辆使用率由原来的平均50%提高到70%以上。"

由此看来，购买服务的方式十分符合未来发展方向，可以在更多的行业和领域广泛使用。

再比如手机上的垃圾短信、骚扰电话等问题，如果要更好解决，也可以引入这种思路，即先"裂变"再"聚变"。

根据工信部的数据，2013年1到9月份，全国手机用户短信息业务量达到了6 970.4亿条，估算其中的垃圾短信竟占到20%，约有1 400亿条。另有"12321网络不良与垃圾信息举报受理中心"在2014年上半年的调查数据显

这个世界，没那么简单

示，受访用户平均每周收到垃圾短信 12 条。

这些垃圾短信是从哪里发出的呢？通常有三类：手机号码发送、伪基站发送和以"106"开头的号码发送。其中，以"106"开头的短信号段是只有中国移动、中国联通和中国电信三大电信运营商才能够使用的特定号段，占比高达 55.2%。这意味着，仅 2013 年前三季度，垃圾短信就可能为三大电信运营商带来几十亿元的收入。这的确让人气愤：垃圾短信骚扰、欺骗消费者，而三大运营商却从中获利！

2014 年 11 月，工信部电信管理局向社会公开发布《通信短信息服务管理规定（征求意见稿）》，其中规定：未经用户许可，任何组织和个人不得向其发送商业短信息，违者将被处以最高 3 万元的罚款。不过，也有媒体披露，目前垃圾短信的行情价是每条纯利润 0.04 元，发送 100 万条短信基本在 4 个小时内即可完成。也就是说，不法分子每小时即可净赚 1 万元。如此算来，上限为 3 万元的罚款可谓是"隔靴搔痒"。违规成本之低，自然不会令违法分子放弃这种黑色利润。此外，正是由于存在商业利益，也使得本该承担守卫短信门户的一些电信运营机构也卷入其中。

怎样治理垃圾短信才能更加有效呢？不妨从更多维度入手，做到"齐头并举"，除了"堵"之外，适度的"疏"也应纳入考虑。

如果我们思考一下垃圾短信的原理就会发现，它们有着"联结"的一面，信息沟通带来商机，这恰恰是为什么人人讨厌垃圾短信却又难以根除它的原因：运营商手里攥着一个多么宝贵的信息平台！回想一下：曾几何时，我们忽然发现楼道里、电梯里出现了一些框架广告，会如何评价呢？很多人都会感叹："我怎么没想到呢！"因为等电梯的时间本来是被浪费的，楼道里的空间本来也是闲置着的，有了这些广告之后，既打发了时间，又能获得一些资讯，可谓一举两得。所以框架广告几乎没有遇到太大阻力，短期内便全面铺开（尽管其权益所属还有待探讨，但这毕竟是一种很好的资源利用方式）。

再来想想垃圾短信吧，其实总有那么一两条短信，正好提供了手机用户所需要的信息，只不过概率太小罢了。按照2013年手机短信状况调查报告显示，上半年用户平均每周收到短信息35.9条，恐怕其中能有1条有用的就算不错了。但就总量而言，根据中国工信部统计数据，截至2013年3月底，中国共有11.46亿移动通信服务用户，有用的广告短信比例再小，全国11.46亿手机用户加起来也不是个小数目。

那么，能否保留这有用的信息，把其余的屏蔽掉呢？从理论上说，如果进行广告类别的细分化，征得用户同意后，就可以用协议的方式"你情我愿"地推送特定类别的商业短信了。对于促销商家来说，这样也做到了对目标客户的更精准定位。对于电信运营商来说，为了让消费者愿意接收此类短信，也可以用其他服务进行交换（比如赠送流量等）。总之，如果能为正当的商业广告打开一个出口并且加强监管，剩下的非法短信、骚扰短信就可以更有针对性地打击和取缔了。

当然，走出这一步尚需时日，因为民众从抵触到接受需要一个过程；除此之外，短信的可信度也需要由运营商提供某种担保，或许还需要采用信用保证金等方式来规范……但唯有如此，才能真正理顺各方关系，甚至开发出新的赢利模式。否则，仅对"106"号段正规军的垃圾短信进行取缔，实际上的确浪费了信息平台的潜在价值，而且另外两种来源（通过手机号码或伪基站发送）的垃圾短信依然可能存在，无利不起早的运营商仍将缺乏足够的监管动力。希望三大运营商能早日担负起国企的社会责任，找到根治垃圾短信和骚扰电话的有效办法。

需要格外注意的是，关于核裂变，即多大的元素可以被视为超重元素（不稳定，具备裂变条件），在自然界中是明确的，但在社会中则要复杂一些，要考虑到每个时代的发展程度。比如古代的最高建筑都不会太高，而当今世界第一高楼的纪录总是不断被刷新。同样，一个企业做到多大就不稳定、容易出现危机而倒闭，也是随时代变化而变化的。与此同时，个体之间也会有差异，一个拥有智慧和能力的人可以更好地驾驭财富，而买彩票中奖后一夜暴富的人则更容易失去财富。总之，考虑到同一时代的横向比较、考虑到个体间的差异，那些超出自身驾驭能力的、体型庞大的家伙，尤其应当注意潜在的风险。

自我超越 & 体外生存

核能利用的另一种类型是核衰变，它与大自然四种力中的弱力有关。

1896 年初，一次偶然的机缘，法国物理学家安乐尼·亨利·贝克勒尔（Antoine Hentri Becquerel）在自己的实验室里开始试验荧光物质会不会辐射出一种看不见却能穿透厚纸使底片感光的射线。他试来试去，终于找到了一种物质具有预期效果，这种物质就是铀盐。

贝克勒尔拿两张厚黑纸，把感光底片包起来，包得非常严实，即使放在太阳底下晒一天，也不会使底片感光。然后，他把铀盐放在上面，又让太阳晒几小时，情况就大不一样了，底片显示出了黑影。为证实是射线在起作用，他特意在黑纸包和铀盐间夹一层玻璃，再放到太阳下晒。如果是由于某种化学作用或热效应，隔一层玻璃就应该排除，可是仍然出现了黑影。

就在贝克勒尔准备进一步探究这种新现象时，巴黎却连日阴天，无法晒太阳，他只好把所有器材（包括包好的底片和铀盐）都搁在同一抽屉里。也许是出于职业上的某种敏感，贝克勒尔突然产生了一个念头，想看看即使不经太阳照晒，底片会不会也有变黑的现象。于是他把底片洗了出来。没想到，底片上的黑影真的十分明显。他仔细检查了现场，肯定这些黑影是铀盐起作用的结果。

贝克勒尔面对这一突如其来的现象，很快就领悟到这种射线跟荧光没有直接关系，它不需要外来光激发，而是铀元素自身发出的一种射线。他把这种射线称为铀辐射。

1898年，居里夫妇发现了放射性更强的钋和镭。由于天然放射性这一划时代的发现，居里夫妇和贝克勒尔共同获得了1903年诺贝尔物理学奖。这项发现打开了微观世界的大门，为原子核物理学和粒子物理学的诞生和发展奠定了实验基础。

从原理上讲，放射性衰变的过程即由高位同位素失去中子到低位同位素的过程。在大自然中，核衰变比核裂变更为普遍，这意味着绝大多数原子核是不稳定的，它们在自发地、缓慢地变成新核的过程中放出能量。在已发现的100多种元素中，约有2 600多种核素，其中稳定性核素仅有280多种，属于81种元素，放射性核素有2 300多种。在这些放射性核素中，又可分为天然放射性核素和人工放射性核素两大类。

虽说"放射性"对人体来说是有害的，但从自然界的角度来看，它不过是能量的某种释放形式而已。正因如此，核衰变带来的放射性有着极其重要的意义，地球内部巨大的热能就是地球在漫长的演化过程中，由岩石中所含的U（铀）、Tu（钍）、Ra（镭）等放射性元素衰变所释放的能量积累而来的。地热是一种取之不尽的洁净能源，可用来取暖、育种、发电等。

在人类社会中，也存在着能量释放和流动的大趋势。缓慢的核衰变就好像有能量的社会个体所持续散发的能量。应该说，绝大多数社会成员，或多或少为社会做出了贡献，正如绝大多数核素具有放射性一样。而且，恰如有天然放射性核素和人工放射性核素的区别那样，有些人与生俱来就有古道热肠，有些人则需要通过后天激发。

延迟退休似乎也是衰变时放射能量的一种方式。尽管很多人对延迟退休颇有不满，但从原理上看，不论退休后继续为社会服务，还是在家带孙子为家庭服务，老年人以各种方式体现价值、发挥余热，这与自然界的元素是相像的。

我国目前的法定退休年龄是男性 55 岁、女性 50 岁退休，高级职称男性 60 岁、女性 55 岁退休。为什么高级职称的人要晚 5 年退休呢？原因之一是高级职称者的工作性质更偏脑力劳动，继续工作对体力要求不高；原因之二是高级职称者的经济和社会地位相对较高，而且总体上寿命也更长。所以这种由职称带来的退休年龄差别，多数人是认同并接受的。还有一个事实上的好处，即高级职称者的能力更强，在同样五年中发挥出的能量更大，就像较重的铀、钍、镭元素能持续释放能量一样。

对于企业来说，向外释放能量的方式除了捐款之外，还有用自己生产的产品进行捐赠的。在汶川地震中，有很多捐赠物资与捐赠企业本身的产品有关，如夜间搜救抢险照明车、挖掘机、滑移装载机、润滑油、饮用水、牛奶、饼干、罐头、药品，这些帮助对地震灾区来说都起到了雪中送炭的作用。正因为有这样的企业和社会各界担起了自己的社会责任，灾区人民才能像享受地热能源一样，感到身心温暖。

值得思考的是，企业为了扩大知名度，常常不惜重金投放各种广告，花出去的都是真金白银，为的就是在各种媒体上放射光芒，但效果未必都很好；而假如以公益慈善等方式主动担当起社会责任，同样会具有"放射效应"。正如居里夫人发现镭在黑夜中闪着光一样，这个世界自有安排：为别人点亮一盏灯的同时，也能照亮自己。

遗体捐赠也算是"核衰变"的一种形式。对社会来说，遗体捐献是对社会医疗卫生事业的贡献；对个人来说，遗体捐献是高尚人格的体现，使自己的生命之光照亮别人的生命。有人认为，自己的器官进入了别人身体并发挥作用时，自己便在某种意义上获得了"重生"。

从心理上说，上述种种现象也许正对应着马斯洛所说的"超越的自我实现"。马斯洛在晚年时，感到5层需求的层次架构不够完整，"自我实现"并不能成为人的终极目标。他在去世前发表的一篇重要文章《Z理论》中增加了第六个需求层次，即"超越的自我实现"，并进而归纳为三个次理论，即"X理论""Y理论"及"Z理论"，构成了如图4-4所示的体系。

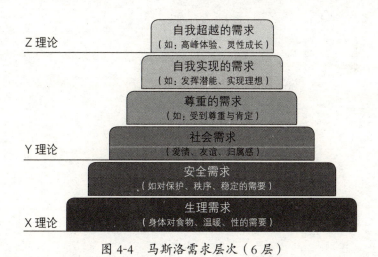

图 4-4　马斯洛需求层次（6层）

他说："我们需要'比我们更大的'东西……人们需要超越自我实现，人们需要超越自我。"马斯洛试用不同的字眼来描述新加的最高需求，例如：超个人、超越、灵性、超人性、超越自我、神秘的、有道的、超人本（不再以人类为中心，而以宇宙为中心）、天人合一等。

如果说，一个原子从氢原子开始逐渐通过聚变成为重原子，它完成的是自我实现，那么核裂变、核衰变何尝不是自我超越式的发展呢？这是另一种境界的联结，即突破自我的边界，将小小躯壳中的个体融入周围的广阔世界之中。

第 5 课
CHAPTER FIVE

正规则，无法超越

中共十八大以来，中央开始了密集的反腐，打老虎，打大老虎……老虎太多，有人说中国的腐败是制度性的。学者吴思曾在十年前就提出了"潜规则"的观点，即中国古代支配官吏集团的，并非他们宣称遵循的仁义道德、忠君爱民、清正廉明，而是非常现实的利害计算，甚至构成了一套未必成文却很有约束力的潜在规则。这一观点为贪腐的成因提供了某种解释，也为人们打开了审视中国传统历史游戏规则的不同视角。

那么，在 21 世纪之后，支配当下中国的究竟是潜规则还是正规则呢？

一切都是你吸引来的

有一本风靡全球的畅销书，叫作《秘密》，说一切都是你吸引来的。在同名纪录片中，讲到一个小男孩特别希望自己能拥有一辆红色的山地自行车，于是日思夜想，后来他就用这个愿望向宇宙发出一张订单。神奇的是，有一天，他打开门，发现爷爷真的送给他一辆红色的山地车！

《秘密》中还提到，过去知道秘密的，竟然都是历史上的伟大人物：柏拉图、莎士比亚、牛顿、雨果、贝多芬、林肯、爱默生、爱迪生、爱因斯坦……那些少数拥有秘密的人，为了保持自身的权力不与人分享，就把秘密掌握在自己手中，而这个秘密就是"吸引力法则"！

上述内容的确有极大的鼓动性，但理论上未免粗糙了些。我们不妨重新解释一下：吸引力法则确实在起作用，该书所指的就是万有引力。那么，我们不妨从万有引力公式说起，前文已经介绍过万有引力公式，这个公式意味着：质量越大，吸引力越大；距离越近，吸引力越大。它可以用来解释人类社会中的很多现象，包括以往认为非理性的爱情。

爱情是怎样产生的呢？换句话说，我们为什么会爱上一个人？很多情况下是因为对方"很好很强大"，也就是"质量"很大。这个质量不仅指"体重"，而且具有更大的内涵和外延，包括"物质"和"精神"在内。比如，有钱是一种强大，豪宅、跑车、名牌服饰、珠宝首饰、名贵字画……所有这些物质财富，都是某种"质量"的体现。但这只是一方面，另一方面是精神财富，比如学识渊博、学富五车、才华横溢，或者诚实、守信、勇敢、智慧、仗义、孝顺……所有这些精神上的优秀品质，也是某种"能量/质量"的体现。所以说，我们爱上一个人，很多情况下都是因为对方"很好很强大"，即"质量"很大。

不过，有的时候也存在一些其他情况。比如医学界有一个"南丁格尔效应"：护士常常会爱上病人，这又是为什么呢？病人并非"很好很强大"，护士怎么会爱上病人呢？或许是因为护士在照顾病人的过程中，感觉到自己"很好很强大"。因为强大与否是相互比较而言的，这是 m_1 和 m_2 在人类社会中微妙的互动关系。感觉到自己"很好很强大"（m_1 很大），会让胸中充满爱意，这是一种被需要的感觉，俗称"母性"（这种吸引力，是因为自己的质量很大）。于是，护士爱上了病人。

至于"斯德哥尔摩效应"，即人质有可能爱上绑匪，这又是什么原因呢？

显然，对于人质来说，绑匪是强大的（m_2很大），自己的性命掌握在绑匪手里。作为弱者，人质特别期望获得同情和善待。可惜绑匪和人质处在不同的格局中，他们属于敌对、排斥的关系，距离通常很远（r很大）。现在，假如在一群绑匪中出现一个人，对人质稍微好一些（r较小），人质就有可能对他产生爱情。很显然，人质会爱上绑匪中最友好的那一个，而不是最凶残的那一个，因为友好意味着拉近两者之间的距离，所以更有可能产生吸引力；或者，只有一个绑匪的情况下，该绑匪对人质仍不乏友善之处，也可能产生类似效果。

无论我们从什么角度看，爱情似乎只和m_1、m_2和r这三个变量有关，再无其他原因。

除了爱情之外，我们所向往的一些美好事物，财富、名誉、学识、人脉……也都是通过类似的规律获得的。

比如"马太效应"。这是经济学原理之一，源自《马太·福音》，即"凡有的，还要加给他，叫他有余；没有的，连他所有的，也要夺过来"。这是可被观察到的"穷者愈穷、富者愈富"现象的一种解释，似乎也和"质量越大，吸引力越大"有关。

另一条经济学原理"边际效用递减"，指的是投资会带来回报，但在超出某个上限之后，即使再追加更多投资，也难以产生更多回报，其背后的原理与"距离越大，吸引力越小"非常相似。

还有很多耳熟能详的现象，诸如"名人效应""名可养名""钱滚钱、利滚利""大城市的吸引力""爱屋及乌""一人得道，鸡犬升天""亲情、友情、爱情的力量""趋炎附势、勾结权贵""天高皇帝远""远亲不如近邻""地缘政治"……尽管名称各不相同，但从中都可窥见"万有引力"m_1、m_2和r三个变量的影子。

这正应了《秘密》中的那句话：一切都是你吸引来的。

由于"质量"和"能量"都会产生吸引力,所以某些情况下就产生了混淆,最常见的就是贪污腐败的心理成因。能够成为领导干部的人,多数是能力很强的,但是当他手中握有公权力时,公权力本身具有更大的"质量/能量",他就误以为那是属于自己的"质量/能量",于是用公权力满足一己私利。想要解决这一顽疾,前提就是先把个人和公权力这两个维度分开:对个人能力的维度要给予充分肯定,对公权力(即"什么能做、什么不能做")要用制度划分出清晰的边界。

另一个经常让人产生错觉的人群是明星、主持人、公众人物,他们那高得离谱的所谓"身价"其实有两个原因,一是自身的实力的确比其他同行更强,二是媒体平台具有放大器的作用(这是更重要的原因)。所以,也要把这两个维度分开,使他们对自身价值有更清醒的认识。

至于郭美美这样的人,"名声"给她带来了很大的现实收益,但同时也带来了"道德败坏"的评价(这一切是她的行为吸引来的)。如果公众在评价她时不能把好与坏的维度区分开、不能用善恶之别来评价她的得失,就会因为她获得的现实经济利益而产生价值观的错乱。

一切都是你吸引来的,但吸引力的来源却包含着不同变量。我们该如何分辨其中的区别,又该如何合理运用这条法则呢?

引力与驱动力

众所周知,牛顿的经典力学,后来被证明在更广阔的宇宙空间中具有局限性,于是爱因斯坦提出了广义相对论,在某种程度上解决了这一问题。

爱因斯坦做了些什么呢?前文提到,他进行了一系列理想实验,其中包括升降机实验，从而得出"光线弯曲"的结论。但在此结论提出之前，他还曾做过一个实验作为基础。

该实验同样与升降机有关。在远离地球和星体引力影响的自由空间，有一个升降机由于某种外加的力而以不变的加速度 a 朝着一个方向运动，而升降机内外的观察者站在各自的立场上，对升降机内所发生的一些现象做出了不同的解释（见图 5-1）。

图 5-1 升降机实验之二

升降机外的观察者认为，它自己的参照系是静止系，而升降机在运动。升降机具有加速度；加速度是恒定的，意味着外力是不变的。升降机内如果松手放开一个物体（如苹果和羽毛），物体会立刻碰到地板，这是由于在加速度存在时，地板朝着物体相对运动的结果。

针对同样一种现象（即苹果和羽毛落向地面），升降机内的观察者则认为，他所在的升降机根本没有做什么加速运动，它完全是静止的。至于苹果和羽毛以及一切物体的下落，都是因为整个升降机处在引力场中的缘故，这与我们在地球上所看到的没有什么两样。

以上两种描述可以同样有效地说明所发生的现象，因而是等价的！借助于这样的理想实验，爱因斯坦令人信服地表明了"加速的非惯性系"与"处在均匀引力场的惯性"之间的等效性。

关于这次升降机理想实验的结论，被称为"等效原理"，具有等效性的一是引力场，二是由外力驱动的加速运动。

这一结论是不是也可以给我们一些哲学上的启发呢？

引力场，好比物质本身具有的吸引力。

比如"钱能生钱"的普遍现象：余额宝之类的理财产品，往往预先承诺一个高于银行同期利息的收益回报，然后募集资金。当很多人的资金被放到一起的时候，它产生的财富吸引力比分散时的吸引力大，所以，它才有可能产生相对较高的回报。在回报率较高的时候，如果某用户在余额宝存100万元，那么每个月的收益也有几千元，差不多相当于一个工薪阶层的月工资了。

其他财产也是一样，比如房产。对于北京郊区的很多农民来说，把自家的小院落改造成家庭旅馆向外出租，一年的租金收益也是颇为可观的，甚至无须劳动足以维持家庭生计了。

存款、房产之类的吸引力还具有经济学上的"复利效应"，俗称"息上息、利滚利"，不仅本金产生利息，利息也产生利息。因而，初期奋斗，钱似乎很难赚，等到成功之后，财源滚滚时，又不知道为什么赚钱变得那么容易了。看来，经济学中的复利效应不过是万有引力"质量越大，吸引力越大"的体现罢了。

与引力场惯性系等效的另一种情境是加速的非惯性系。我们都知道，在牛顿设想的惯性系中，一个做匀速直线运动的物体，如果没有外力，会一直保持匀速直线运动；假如它存在加速度，意味着一定有着某种外力在推动它。因而，加速的非惯性系是由某种外力驱动的。我们不妨把它比作心的驱动力。这也正是《秘密》反复强调"一些都由你的心吸引而来"的原因。

精神的力量包含很多内容，比如学识、人格魅力、经验、投资眼光、内心意愿……这些无形的东西都会产生作用。

如果从宏观的角度来说，我们依然可以把物质和精神放到同一个椭圆中，视作两个焦点。它们之间的关系也就比较清楚了：其一，它们互相牵制，离一个焦点近了，离另一个就远了；其二，它们在更高维度上可以融合，就像莫比乌斯带一样。

关于相互牵制的体现，比如"穷不过三代，富不过三代"这个常常被观察到的现象：穷人，想要改变自身境遇的内心驱动力很强，但物质的吸引力很差；富人，物质的吸引力很强，但假如已失去奋斗目标，内心的驱动力就因而减弱。于是，这就导致了穷与富的风水轮流转，"穷不过三代，富不过三代"的现象背后有它的逻辑。

关于相互融合与转化的体现，"钱能生钱"的物质吸引（引力场惯性系）和"心向往之"的精神驱动（加速的非惯性系），它们之间的相互转化也是常见的。比如李白的诗句"天生我材必有用，千金散尽还复来"，意思是一个内心强大、拥有精神财富的人，即便没有物质基础也很容易获得财富，这是积极的。反过来，也有消极的案例：一个美国的流浪汉，有一天买彩票中了大奖，就买了别墅、买了好多辆跑车，又沾染上了毒品，最后众叛亲离，再次悲惨地流落街头……这说明仅有物质财富本身的吸引力，不足以解释规则的全部，它还必须把另外一个焦点上的精神能量综合考虑在内。

对于穷人来说，难以利用现成的物质吸引力，所以对另外一个焦点要善加利用，那就是精神的驱动力。只不过，它并不像《秘密》所说的那样凭空想就可以实现，而是要与实际行动相结合。

比如《秘密》中提到的那个小男孩希望有一辆红色的山地自行车，于是他把杂志上的红色山地车图片剪下来贴在墙上，路过商店时会情不自禁停下脚步欣赏橱窗里摆放的山地车，走在路上看见其他孩子兴高采烈骑着山地车时就会流露出羡慕的目光，甚至晚上钻进被窝还要打着手电欣赏山地车的图片……这一切行为，他的爷爷一定会留意到；再加上他的梦想只是一辆山地自行车而已，这离现实并不遥远，所以最后梦想成真了。可见，无论你的精神如何期望，总是要通过某种实际行动来将它实现，这就是两个焦点之间的互动和转化关系。

通过上面的类比，我们不妨把物质和精神的力量统一到同一个系统中，它们具有等效性，它们彰显出在更高层面上相互"联结"的力量。

真善美的联结倾向

联结是一种重要的趋向，它不仅是人类走向强大的力量，而且指向了真善美。这一论断从何而来呢？

有一个问题贯穿了整个人类历史，但直到今天仍值得我们思考：为什么应当追求真善美，而不是假恶丑？尤其是在许多人价值观不清晰的今天，这种思考尤为重要。

另一个问题同样值得思考：为什么世界上的几大宗教，都劝人向善？是约定俗成吗？是随机选择吗？是因为真善美听上去美好，所以才被推崇吗？

上述两个问题的答案中，其实都包含着必然的逻辑。

比如，"我现在说的这句话是假话"这句话，究竟是真话还是假话？很多人的直觉是真话，其实不然，它是一句不能成立的话：如果这是句真话，那么它说自己是假话，显然对不上，即在逻辑上不成立；如果反过来，假定这是句假话，那么"负负得正"，它应该是句真话，这既与假定的对不上，又和它自己宣称的对不上，在逻辑上同样不成立。所以，"我现在说的这句话是假话"难以获得生存空间。

一句话如果想要具有生存空间，就要看它能否和其他话语进行相互"联结"，联结在一起不被解构的，才能继续生存，所谓"撒了一个谎，需要编造另外九十九个谎言来圆它"就是这样的道理。联结非常重要。当今时代的一种变化应当引起我们足够重视，即在今天信息四通八达的环境下，撒谎正在变得越来越难。

仔细回味《狼来了》这个故事，它在教育孩子不要撒谎方面很有说服力，恰恰是由于它包含了"联结"的意味：那个孩子每喊一次"狼来了"，大人们就跑过来一次，这就是充分发挥众人联结的力量，大家齐心协力才能打败狼。可是，"狼来了"的假话说多了，大人们便不再相信，于是不再跑来救他，这就使假话本身具有一种相互解构、疏远的效果。因而，撒谎的孩子无法和大人进行有效的联结，狼真的来了，只能独自面对。这个故事既简单又深刻地说明了人不应该撒谎，否则容易自我解构。

假话的解构趋向有一个生动的现实版。2013年4月，河北沧县环保局局长邓连军在面对记者采访镜头时说了一番奇葩而雷人的话："红色的水不等于不达标的水，有的红色的水，是因为物质是那个色的，对吧。你比如说咱放上一包红小豆，那里面也可能出红色，对吧，咱煮出来的饭也可能是红色的，不等于不达标。"邓连军这番话的结果就是：本人被迅速免职。

利用上述原理，如果想要证明某件事是真的，或想证明自己是清白的，就要能够提供更多的细节（时间、地点、人物、行为、人证、物证……），这些细节，其实就是各种与外界"联结"的通道，把事实真相串联在一起。

我们来看一个真实的例子。

2013年3月,张高平、张辉叔侄在被以"强奸杀人"罪名关押近十年后终获无罪释放。回溯案件的曲折经历,其中充满了联结与非联结的细节。

2003年5月的一天,张高平和侄子张辉在送货途中受人之托,好心拉上了一个要去杭州打工的17岁安徽女孩王冬。次日上午10点,在杭州市西郊的一条水沟里,王冬的尸体被发现。警方将张高平、张辉叔侄锁定为最大的犯罪嫌疑人。

然而该案证据并不充分。案卷里始终没有出现高速收费口的监控录像这份证据,也没有张氏叔侄涉嫌"强奸杀人"的任何直接或间接的物理证据,如死者身上和被丢弃的衣物、行李上均未留下张辉、张高平的指纹和毛发。而且,两人的口供和现场指证都相互对不上,警方提供的审讯录像中间断了大概半个小时……这些所谓"证据",并不能互联联结,实在不足以让人信服。

与此相反的信息则具有越来越清晰的联结性质。2004年年初,另一起命案也发生在杭州,被害人是浙江大学的学生晶晶。经过排查,杭州警方锁定犯罪嫌疑人为出租车司机勾海峰。勾海峰承认自己杀了人,一年后,勾海峰被判处死刑。在监狱里的张高平看到了这期《今日说法》,向狱警反映说勾海峰的作案手法与自己所涉案件非常相似,因为当时女孩王冬是搭出租车,勾海峰也是开出租车,而且两个被害人同样在江干区被发现。终于,2011年11月底,杭州市有关部门开始对此案进行复查。他们将第一个被害人王冬指甲内提取的DNA材料与警方的DNA数据库进行比对,结果与后来杀害晶晶的勾海峰的DNA图谱高度吻合,由此确认张高平、张辉叔侄案是一起冤案。

从张高平、张辉叔侄案这个典型案例中,我们能看到"联结"在惩恶扬善的过程中起到多么重要的作用。

在近些年来的一些案件审理中,各种联结手段扮演着越来越重要的作用。比如富平贩婴案中张淑侠抱着婴儿走出医院的镜头,厦门公交车纵火案中陈水总在案发前拎着装满汽油的行李的镜头,杭州公交车纵火案中包来旭身穿浅色汗衫、背深色双肩包的镜头……如果没有上述监控探头拍下的证据,调查和破案的难度无疑将更大。

再比如,信访也是一种联结方式,但有些地方为了捂盖子,不惜采用各种方式截访,甚至把上访人员关进黑监狱。2013年9月,中央纪委监察部网站正式上线发布,网站首页显著位置有"我要举报"专栏,为群众顺畅、安全地举报违纪违法行为打开了一扇门。网友们对该网站的开通纷纷点赞,因为它能使联结更好地发挥作用。

很多领域的联结都在不断推进中。2013年11月,我国最高人民法院通报了全国法院第一批失信被执行人员名单的姓名、企业,也就是俗称的"老赖"。今后凡被纳入失信被执行人名单的被执行人,都将受到信用惩戒,在政府采购、招标投标、行政审批、政府扶持、融资信贷、市场准入、资质认定等方面受到限制或者禁止,失信被执行人的社会生存空间将大幅度缩小。

我国最高人民法院还有另一项举措,规定自2014年1月起,除四种情形外,各级人民法院的生效裁判文书均应当在中国裁判文书网上公布,且上网文书原则上不得修改、更换和撤回,这是推动司法公正继续向前迈进的一小步,也是推进信息"联结"的一小步。诸如当年彭宇案的裁判文书中"如果不是你撞倒的,你就不会扶,不会把她送医院,不会垫付医药费……"的雷人话语,假如能像这样拿到阳光下晒一晒,显然难逃公众的质疑。

"联结"如此重要,它已得到充分认识了吗?显然没有。

2014年春节前,12306网络售票实行之后,黄牛党倒票现象仍屡禁不止。利用身份证号码生成器和刷票浏览器,"金刚""葫芦娃""女神"等随意编造的名字均可顺利购票,让本就一票难求的春运火车票购买难上加难。究其原因,是由于当时的12306网站并未与公安部的身份认证系统联网,无法即时查验身份信息真伪,直到后来才实现联网,弥补了该漏洞。应该说,这在技术上并不难，但为什么在之前设计时未能纳入考量？这个教训值得反思，或许是因为对于"联结"的重视程度不够所致。

2013年4月，有传言称"福建省厦门市将把行人闯红灯者被罚的信息写进档案永久保存，会影响到一个人的就业、保险、贷款等"。此传言一出，有媒体报道称"超六成人不赞成厦门行人闯红灯入诚信记录"。之后，厦门市交警支队表示，此事尚未提交有关部门研究，也未进入实际操作。

这件事该怎样看待呢？我们要把它分成几个层面。首先，厦门市多个部门和单位共同参与，正在搭建一个"诚信信息共享平台"，这是一件非常好的事；其次，闯红灯这样的信息是否应当被记入该诚信平台？总体上是利大于弊，因为信息越充分，越有利于惩恶扬善；再次，行人闯红灯这样的违法行为，究竟在多大程度上会影响到个人考驾照、找工作、保险、贷款等？闯一次红灯就立刻受到影响，还是有一个更详细的积分规则？这些才是真正值得探讨的细节。从这件事，可以看到大家对信息平台的积极意义还不够重视。

类似的漠视还相当普遍。比如，2013年11月，河南省手机记者证查询系统正式启用，发一条短信就可以知道记者是真是假。从信息联结的角度来说，这也是一件好事，但有人认为这是对新闻工作者的一种侮辱，这种误解大可不必，其实这反而是一种保护真记者的有效方法。

现在很多领域都在向信息互联互通的方向迈进，无论是三公经费公开、中纪委监察部网站的开通、法院通报的"老赖"黑名单、裁判文书网上公开、法官断案的终身追究制，还是全国联网的不动产登记制度、全国统一的征信体系……其内在目的都是共通的，就是发挥联结的惩恶扬善作用。在这方面，我们做得不是太多而是太少，此类联结工作的步伐既要走实又要走快。

"病毒"的联结

"联结"是否会有副作用？有时看来，似乎是这样的。

2003年春夏之交的非典，至今仍让人心有余悸。看来，病毒也在想方设法进行相互联结。

2014年4月，互联网曝出一个名叫"心脏出血"的安全漏洞，这个被称为史上最严重的漏洞，攻击了全球三分之二的网站，其原理与OpenSSL有关。SSL（安全套接层）协议是使用最为普遍的网站加密技术，在线购物、网银等活动均采用SSL技术来防止窃密及避免中间人攻击，而OpenSSL则是开源的SSL套件。由于这一漏洞的存在，黑客可以盗取他人的用户名和密码，对他人的资金安全带来潜在威胁。当互联网四通八达时，网民的利益也变得更容易遭到黑客的侵害。

2013年7月，媒体曝光福建漳州医疗腐败案，全市73家医院全部涉案，包括22家二级以上的医院，无一幸免。案件涉及全市1088名医务人员、133名行政管理人员。为什么会出现窝案？这也是相互联结和串通的结果。相关利益方结成了攻守同盟，其造成的后果就是药价严重虚高，竟然超过成本价十倍。

2013年8月，秦志晖（网名"秦火火"）、杨秀宇（网名"立二拆四"）被北京警方抓获，其中一项罪名便是寻衅滋事。"秦火火"何许人也？在7·23温州动车事故后，他谣传"外籍人士获得天价赔偿"，引起网民极大关注。尽管很快被证明是谣言，微博在发布后两个小时即被删除，但仅在这两小时内，这条微博转发数就超过了一万次，粉丝数增长了几千个，让"秦火火"第一次尝到了甜头。自此，"秦火火"开始有目的地在互联网上编造和传播谣言，在三年内编造传播的谣言达三千多条，有网民称其为"水军首领"，并送其外号"谣翻中国"。

上述"联结"带来的副作用,是否说明"联结"本身存在弊端?是否应该慎用联结?甚至阻断联结?我们不妨通过观察上述问题的解决之道来辨析。

非典期间,我们要通过各种方式阻断病毒的传播。如减少大型群众性集会或活动,保持公共场所通风换气、空气流通,保持良好的个人卫生习惯,不随地吐痰,避免在人前打喷嚏、咳嗽、清洁鼻腔,且事后应洗手,注意戴口罩,医院应设立发热门诊,建立该病的专门通道……上述都是阻断病毒传播的方法。此外,还有一条路径是加强抵抗力的联结,比如将康复者的血清输入患者体内,使病毒抗体得以传递与联结。

互联网上的"心脏出血"漏洞被曝光之后,各大"中招"的网站纷纷进行了漏洞修复,专家也提醒网民"在事情解决之前,接下来的几天里完全远离互联网",而当确认漏洞已被修复时要及时更换密码,这都是阻断联结。但是,如果网民不知情,或者抱着侥幸心理没有更换密码,事后带来了经济损失,又该如何追偿?这就要更多发挥联结的作用:如果网站使用了全程留痕技术,就有助于追查到盗窃者。可惜的是,该漏洞即使被入侵也不会在服务器日志中留下痕迹,所以没有办法确认哪些服务器被入侵,也就没法定位损失及通知用户。除此之外,为了提高安全性,用户应尽量使用多层保护措施(比如手机绑定、临时验证码、U盾、邮箱等),这也是加强抵抗力量的联结。

漳州医疗腐败窝案虽已得到查处,但医疗腐败的问题却涉及一个体制性问题,因而2009年开始的新医改力图斩断"以药养医"的利益链条,这是阻断联结;如果某些医务工作者能够恪守良心和道德的底线,不成为共谋,那也会降低其危害,这也是阻断联结;当窝案已成事实,上级部门的监督查处是在更高层面上的阻断联结。在另一条路径上,联结依然是重要的力量:如果信息足够透明、对称,厂家出厂的药品价格能被更多人了解,也会降低医疗腐败案件的发生。

关于网络谣言问题，在秦火火等人被刑拘之后，我国最高人民法院、最高人民检察院于 2013 年 9 月出台相关司法解释规定："利用信息网络诽谤他人，同一诽谤信息实际被点击、浏览次数达到 5 000 次以上，或者被转发次数达到 500 次以上的，可构成诽谤罪。"这一司法解释的意图是调动网民自我审查，阻断谣言的主动性，因而是十分必要的。在另一路径上，也要让真实信息得到更广泛的传播，所以新闻事件当事方积极主动地进行信息发布、做到公开透明就变得非常重要。

由上述种种案例，我们可以形成一种清晰的思路：面对"病毒"的联结，要同时沿着两个向度进行：一是阻断负能量的联结，二是加强正能量的联结。

对于正能量的联结，尤其值得大力推广的是"全程留痕技术"——"病毒"的联结，要用更高的联结来反击。

目前，全程留痕技术已被应用到一些颇为敏感的系统中，比如 2011 年 4 月开始试运行的中国人体器官分配与共享系统就采用了全程留痕技术，以患者病情的紧急程度和供受体器官匹配的程度等国际公认医学需要、指标对患者进行排序，实行自动化器官匹配，通过技术手段最大限度地排除和监控人为因素的干扰，假如有医生或医院将权贵者的资料造假，放在紧急等待名单中，而紧急等待的生存期只有 7 天。如果 7 天后，这个患者仍在等待，系统会提示其病情信息可能有误，卫生行政部门根据提示可以开展调查。利用了全程信息留痕，该系统可确保器官捐献移植工作的透明、公开和可溯源性，同时也为公众对器官捐献的信任奠定一个良好的基础。

正能量要联结，病毒为了生存也在试图联结。这样一来，就有个问题自然而然地出现了：当正与负两种能量都试图通过联结而发展壮大时，谁将在这场博弈中胜出？又是为什么呢？

高尚者的通行证

所谓"魔高一尺,道高一丈""道高一尺,魔高一丈",或者"三十年河东,三十年河西",正负能量的博弈常常各有胜负,这似乎是普遍规律。

但是,从宏观的角度来看,正规则依然会在总体上占上风,至少它代表了社会发展的方向。

我们至少可以列出三种解释,它们的结论一致,并且可以相互印证。

从博弈论角度来解释

博弈论中的"囚徒困境",指的是假定两个被怀疑犯有罪行的囚徒(只是假定为有犯罪可能的囚徒而已),同时都被给予指证对方有罪的机会。那么,作为囚徒应该选择"合作"(不指证)还是"出手"(指证)呢?

在只玩一轮的情况下,其结论是应该"出手",因为在无法沟通信息的情况下谁都不能保证对方也同样"合作",那不如自己先"出手",至少可以避免自己合作而对方出手导致的最大损失。表面看来,这个"囚徒困境"意味着要诡计的人能占便宜,其实不然。

如果这个游戏要玩很多轮,那么更好的策略就不是"出手",而是"跟风"。比如上一轮对方"合作",这一轮我方就"合作",上一轮对方"出手",这一轮我方也"出手",简言之就是"以牙还牙,以眼还眼"比其他策略得分更高。这解释了为什么当老人摔倒之后很多人不扶的真正原因,其实是"跟风"策略在起作用:的确有些老人,会讹上好心的路人,当路人无法保证老人不讹人的时候,只好"跟风"。没错,有证据表明,吸血蝙蝠、棘鱼、猿猴,甚至病毒,都会遵循"跟风"规律行事,这似乎是遗传和进化选择的结果,也是自然规律。

好在"囚徒困境"并未止步于此。如果这个游戏玩得再长一些,又会出现变化,因为跟风具有传染性,导致相互出手,结果是谁也占不到便宜。这时候,实验中就会出现少数人采取"宽厚跟风"的策略,即无论对方上一轮是否"出手",我方在这一轮都主动选择"合作",于是在接下来的跟风中,"合作"意识会被迅速推广,最终只有"宽厚跟风"被保留下来。

英国科普作家菲利普·鲍尔(Philip Ball)的《预知社会:群体行为的内在法则》一书详细介绍了上述囚徒困境实验的演变过程,并用下面这张图表示双方地盘的发展变化情况,即"出手派"(黑色方块)和"跟风"战略的执行者(白色方块)进行对峙时,地盘扩展中的变化(随着轮数的增多,白色地盘的比例将越来越大)(见图5-2)。

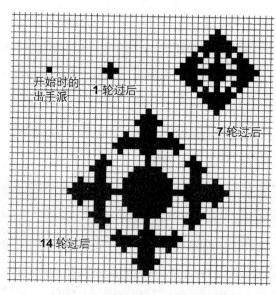

图 5-2　囚徒困境的黑白地盘

图 5-2 中的白色地盘随轮数的增加而扩大,说明随着时间的积累,总体

上会向着良性方向发展。这一条在实际生活中同样适用：如果只玩一次，那么选择"出手"是明智的，这就是为什么坑蒙拐骗的多数都是"陌生人"。回想早些年火车站附近的饭馆，不仅饭菜难吃而且价格奇贵，就是因为他们不期待回头客。近些年来，随着交通出行的日益便捷，情况正在逐渐改观，毕竟坑蒙拐骗的生意是做不长久的，越大的企业越注重自己的品牌和口碑。

从格局角度来解释

"大格局"与"高道德""真善美""联结"这些概念在方向上是一致的，这是前文得出的结论。

接下来，我们要引入一对相反的概念："阳光"和"阴暗"。世界上的事物有两种趋向，一种是向上生长的、向外扩展的、接近白色的，即"阳光的"（比如一朵花的盛开，是阳光的、绽放的）；另一种是向着地下的、向内收缩的、接近黑色的，即"阴暗的"（比如花的败落，是萎缩的、干瘪的）。

为什么我们把美好的行为称为"阳光的"，把丑恶的行为称为"阴暗的"？为什么我们"称赞"那些"阳光的"，却"贬抑"那些"阴暗的"？这仅仅是约定俗成吗？显然不是，其实它们的内在区别正是"大格局"和"小格局"的区别。

比如，在冬天，多数植物会落叶，这是一种"自我保全"的方式，是在困难环境下采取的相对"小格局"的方式。如果太多叶子吸取了养分，那么这株植物就很难在严酷的冬天存活下来。于是，我们看到的多数植物在冬天是收敛的、不那么好看的，这就是小格局给人的印象。正因为如此，中国人把"岁寒三友"梅、竹、菊都称为"君子"，因为它们在寒冷的环境中、在其他植物凋零时依然能够绽放，带给人赏心悦目的美。

再比如，人的基本需求"吃喝拉撒"，也存在两极属性：吃和喝，是相对来说更美好的，而且常常会聚众进行，大家因此很"开心"；而拉和撒，却需要关起门来进行。也就是说，"吃和喝"更多采取相互联结的大格局方式，"拉和撒"则采取彼此分散的小格局方式。

"阴暗的"东西并非不允许存在，就像拉和撒，必须允许存在，但是，只允许在"小范围内"存在！这就是"格局"的深层意义：你选择大格局，生存空间和时间就会更大；选择小格局，生存的空间和时间自然就相应减少，这是公平的。比如"范跑跑"，显然选择的是"自我保全"的"小格局"模式，虽不值得提倡，但从人性角度看，情有可原。只是他还要在博客中大肆炫耀，这就违背了"小格局以小范围存在"了。

中国古代刑罚中的连坐、株连九族之类的制度设计，之所以被历史淘汰，是因为它让刑罚逾越了自身对应的边界，企图让小格局事物获得大范围存在，这是不符合天道的。在建设法治中国的过程中，"疑罪从无"的理念正逐渐深入人心，也是同样的道理。再说开去，死刑是否应当完全废除？安乐死是否存在一定的合理性？这些长期争论激烈的问题，其实也隐含着类似原理：小格局事物不是不允许存在，而是存在空间要被严格限定。

总的来说，诸如病毒、腐败、谣言之类的事物，是"假恶丑"的事物，是"相互解构"的事物，也是"小格局"的事物，其生存空间理应比"真善美"的事物要小，这在逻辑上是没有问题的。在两种力量的相互博弈中，谁能够走得更远，其趋势是可以预见的。

从维度高低来解释

高维度的事物，是由低维度事物拼装而成的。

两点确定一条直线，这是从零维向一维的迈进；一条直线向两端延展，绕地球一周之后确定一个平面,这是一维向二维的迈进;将纸带的两端拧过来首尾相接变成莫比乌斯带,这是二维向三维的迈进;至于三维向四维(超立体)迈进,克莱因瓶(见图5-3)是一个典型,它符合四维的特征(它自身没有边界,分不清哪是里、哪是外)。

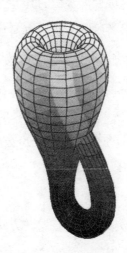

图 5-3 克莱因瓶

在从一维到二维、三维、四维不断升级的过程中,有着共同的理念,即"首尾相接",也可以说成:低维度中原本相反的事物"握手言和、共融共生"。

整个科学史,似乎也是各种理论不断整合成统一理论的历史。古代的自不必说,仅从现代而言,富兰克林发现天上的雷电与人使用的电性质相同;麦克斯韦将电与磁统一,后来又发现电磁和光是统一的;爱因斯坦通过麦克斯韦方程和伽利略变换之间的悖论,又发现空间和时间是相互转化的(狭义相对论)、惯性系与非惯性系是等效的(广义相对论)……这种科学历程为我们勾勒出清晰的科学史"维度升级"图谱。

那么,升级为高维度的意义是什么?前文提到过两条:第一,"跳出来"

解决低维度困境；第二，"高维度意味着更多保障"。而这两条，现在又与第三条"联结"密不可分。

无论怎样，这个宇宙本身是多维度的，而宇宙又是如此和谐、充满美感，让我们不得不相信：在各种维度相互联结、向高维度不断迈进的过程中，会越来越接近宇宙的和谐秩序，也会离永恒的真善美更接近。

有了上述逻辑，我们可以尝试逐渐撬动中国食品药品安全这个难题。

2014年7月，美国福喜集团在上海的公司被爆出使用过期变质的肉类给麦当劳、肯德基等需求商供货的"福喜臭肉门"事件。美国福喜集团本是一家知名的肉类供应商，2008年，中国福喜是北京奥运会奥运村的供货商之一；2013年美国福喜集团在福布斯美国非上市公司排行榜上以年收益59亿美元位列第62名。这样的企业也出问题了，让中国公众对中国的食品安全充满担忧。

想要在根本上打消公众的疑虑，最重要的方法依然是信息的联结。此次向媒体爆料福喜臭肉门的张先生，是前福喜公司质量管理人员，他向记者提供了两本质量控制记录本，记录本中过期产品添加、生产日期更改、批号更改等情况被一一记录下来，每次记录都有相关人员签名，像这样的秘密也只有身在其中的人才能知晓。因此，该事件被曝光后，上海市食药监部门要求企业提供2014年1月以来原料来源、生产加工、质量控制、销售去向等相关记录。的确，追踪这里面的信息必将有助于发现真相。

我们不能指望每次都有人主动揭露企业内幕，将来又该如何监管呢？"自证清白"是一种很好的思路。以前欧洲也出过很多食品安全事件，后来企业主动将生产过程透明化，让消费者了解企业的整个生产环节，建设成"透明工厂"。在中国，一些具有前瞻眼光的企业家也已开始尝试这种方法。这些"透明工厂"可实现实时在线直播，让人们无论身处世界的哪个角落，只需登录企业网站，就能通过网络全球眼功能实时观看整个生产过程，做到产品的"全程可追溯"。其实,"透明工厂"这个词虽然是近年才出现的,但其理念并不新鲜,很多年前人们就知道敢于开放后厨的餐厅更值得信赖,现在只不过要借助高科技的电子眼传播更远罢了。

那么,怎样才能保证每一家企业都建设"透明工厂"?其实未必需要,往往是更自信的企业才敢这样做。于是,主动迈出这一步的企业将赢得更多消费者的青睐。因为市场选择就是最好的理由,这是一场"逆水行舟,不进则退"的比拼。

除了对生产过程的透明公开之外,"透明工厂"还应公布包括进货渠道在内的各种信息,以及上下游企业链条等信息的互联互通。几年前,由于毒胶囊事件被牵连的修正药业,如果它的采购记录和信息公开做得足够详细和完整,就可以在更短时间内做出反应、避免更大的损失。

信息化给我们今天的生活带来了很多便利,比如快递行业中,可以通过快件编号实时查询寄递路线和送达时间。我们期待将来在食品药品生产、流通和消费领域,我们也能用类似方法追溯到每一件产品的来源和流通渠道,让消费者能够安心。

这一前景,从技术上看并不遥远。那么,谁会成为率先吃螃蟹的人呢?这是每一家企业都需要考虑的问题。

无法超越的光速

假如刘翔在前面跑,你以刘翔的速度在后面追,那么你和刘翔之间的相对速度是多少?答案是"零"。

假如刘翔向你跑来,你也以刘翔的速度向他跑去,那么你和刘翔之间的相对速度是多少?答案是"刘翔速度的两倍"。

以上是大家都明白的，那么问题就来了。

假如一束光在前面跑，你以光的速度在后面追，那么你和前面那束光的相对速度是多少？答案是"一倍光速"（而不是"零"）。

假如一束光向你跑来，你也以光的速度向它跑去，那么你和对面那束光的相对速度是多少？答案仍旧是"一倍光速"（而不是"两倍光速"）。

总之，在真空中，无论你跑得多快，光相对于你的速度都是每秒约30万千米（更精确地说是299 792 458米）。光速永远以光速前进！怎么会这样呢？论证过程非常复杂，我们不妨看一些比较容易明白的事实。

曾经在很长一段时期，人们假设太空中存在"以太"这样的物质，法国科学家菲索在1851年做了个干涉实验（见图5-4），用以考察水流对以太的拖动以及对光传播的影响（显然，菲索假定存在"以太"）。

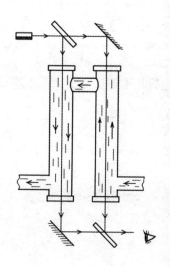

图 5-4　菲索实验

借助于半镀银镜的作用，使左上角发出的光线一半透射一半反射，分两路走，一支在左边顺水流传播，另一支在右边逆水流传播。假如以太不被水流拖曳，水中光速就一样，没有干涉条纹；反之，假如以太被水流拖曳，就有干涉条纹。菲索设 K 为拖曳系数，$K=1$ 表示完全拖曳的情况，而 $K<1$ 表示部分拖曳的情况，并根据牛顿力学的速度计算法计算了条纹移动与拖曳系数的关系。由原始数据算出 $K = 0.434 \pm 0.020$，从而得出结论：在运动物质中，以太受到部分拖曳。（不过，"以太"实际上并不存在，菲索得到的拖曳系数，是由于光线在水中的折射引起的。）尽管菲索这个实验建立在错误的假设之下，得到了错误的结论，不过它仍具有重要的历史意义，为之后的迈克尔逊实验提供了思路（即半镀银镜的设计）。

美国科学家迈克尔逊登场了，他以善于精密测量而著称，发明了一种空前灵敏的干涉仪，能够检测"以太风"的二级效应，即 v^2/c^2（v 为地球速度，c 为光速）。他沿用了菲索半镀银的方法，将太阳光分为两路，一路顺地球运行方向，另一路与之垂直。由于反射镜 M_1 与 M_2 不正好严格垂直，略有倾角，就产生"劈尖干涉"效应（见图5-5）。

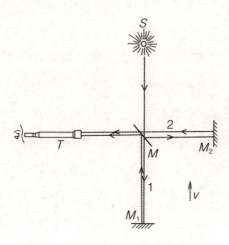

图 5-5　迈克尔逊－莫雷实验

那么，什么是"劈尖干涉"呢？这就是测量为什么能很精确的原因。如

图 5-6 所示，假如两块很平的玻璃板间有一个很小的角度，就构成一个楔形空气薄膜，用单色光从上向下照射，入射光从空气膜的上下表面反射出两列光波，将形成干涉条纹。如果被检测平面是光滑的，得到的干涉图样必是等距的；如果有不平的地方，就会产生条纹的凹凸或不等距现象。这种测定的精度很高，甚至几分之一波长那么小的隆起或下陷都可以从条纹的弯曲上检测出来。

图 5-6　劈尖干涉

1881 年迈克尔逊单独做了上述实验，1887 年又与莫雷合作进行了更精密的测量。令人失望的是：根本不存在任何条纹移动。这说明多年来人们假设的"以太"并不存在！光速只是在真空中穿行，而且任何地方的光速都完全一样！

此后数十年内，更多实验以更高的精度充分肯定了这个实验的"零结果"，特别是 1974 年 9 月由麻省理工学院的泰勒和他的学生赫尔斯用 305 米口径的大型射电望远镜进行观测时，发现了脉冲双星。脉冲双星包括一个中子星和它的伴星，它们在引力作用下相互绕行，周期只有 0.323 天，它的表面的引力比太阳表面强十万倍，是地球上甚至太阳系内不可能获得的检验引力理论的实验室。经过长达十余年的观测，他们得到了与广义相对论的预言符合得非常好的结果。由于这一重大贡献，泰勒和赫尔斯获得了 1993 年诺贝尔物理奖。

这一系列实验说明了什么呢？大家都知道，绝对静止的参考系是不存在的，比如在一列匀速直线运动的火车上做实验，会和在静止的地面上做实验得到完全相同的结果，也就是说，我们无从确定某个惯性系是静止的还是在做匀速直线运动，即便地面是所谓静止的，地球也在自转和公转。假如在不同地方、不同惯性系中测得的真空光速都一样，那就说明无论在哪里，光速的确是一个恒定不变的值！

由于上述的实际观测从未出现超过光速的情况，而且麦克斯韦方程也要求光速 c 是一个常量，这样一来，就和牛顿经典理论有了矛盾（即前面讲的光速和刘翔速度的区别）。

怎么办呢？后来，这个矛盾通过一个公式得到了解释，即下面的相对论因子。

$$\gamma=\frac{1}{\sqrt{1-\left(\frac{v}{c}\right)^2}}$$

这个相对论因子从何而来，论述起来十分复杂，此处略去不提（感兴趣的读者可以查阅《宇宙的琴弦》等相关书籍）。在该相对论因子中，v 表示物体的相对速度，c 是光速，当地球上的物体作相对运动时，v 远远小于 c，几乎接近于 0，所以该公式算出的结果就是 1，与牛顿经典理论的公式是完全一致的（即符合我们日常观察的公式 $v = v_1 + v_2$）。这意味着，牛顿经典理论是爱因斯坦相对论在低速情况下的近似。换句话说，地球上的人都跑得太慢了（包括刘翔在内），所以才显得有了相对速度的差别。

很费解吧？不费解才怪，不然人人都成为爱因斯坦了。对于绝大多数人来说，我们不妨直接记住这个结论：真空中的光速，是无法超越的！

这个超出凡夫俗子理解力的结果，倒是有一种非凡的意义：在宇宙的宏观尺度上，总算存在着某种确定性，不必让人费心去找"无底洞的底"——无法超越的光速是近乎神一般的存在，让我很想把它说成：正规则，是无法超越的！或者说，终极意义上的真善美是无法超越的！而且，每个人眼中看到的真善美，都是永恒不变的法则，它们在本质上并无差异！

当然，生活中仍有善恶之分，我们也为此争论不休，只是因为每个个体都太卑微、都离这个终极极限相去太远，只好在非常"低速"的情况下作相对比较罢了。有的人格局更大些、相互联结更多些、总体更接近善，也有的人格局偏小、相互联结程度不高、总体更接近恶，但人追求的都是自己眼中看到同一个真善美！

什么时候才能非常接近终极和谐呢？恐怕当所有人都能被联结起来的时候。可惜的是，我们目前在"联结"方面还欠账太多，因此丑恶才有了诸多藏身之处。唯有当联结的信息足够多时，才能更好地惩恶扬善。

来看两个关注度极高的领域，即身份证管理系统和不动产统一登记制度。

2013年1月，媒体曝光房姐龚爱爱在各地拥有多处房产，使一人拥有两个以上身份证的怪现象浮出水面。2014年1月，记者通过暗访调查，接触到了在网络上公开贩卖户籍身份的中介，只需三五万元就可以办理一个虚构的户籍和身份。这被中介称为"幽灵户口"，而这些信息都能真实地被录入到公安户籍管理系统里。据中介介绍，他们的手法其实并不难，一般说来，就是在A地新建一个户籍信息，然后尽快迁移到B地，那么A地的派出所就没有了这个户口的记录，而B地就算发现这个户口有异常，要到A地调查也会非常麻烦，这就给"幽灵户口"留下了生存空间。显然，只要各地身份证信息互相联网并做到全程留痕，就能解决这一问题。

另外一个应该尽快联网的重要领域就是住房信息。当媒体不断曝出"房姐""房叔""房媳""房妹""房爷"时，公众对住房信息联网一次又一次寄予厚望。在2014年两会上明确提出要"健全城镇住房制度"，建立以土地为基础的不动产统一登记制度，推进部门信息共享，在6年内要实现全国住房信息联网。而且，在多数城市的个人住房信息系统上，除了住房信息，也预留了公安、民政、税收、证券等数据端口。一旦这些信息联网，将大大降低保障房资格审核的难度和工作量，并提高审核的准确率和效率。

不过，藏在暗处的"房叔""房嫂"们当然也不是傻子。有官员称，"谁会等着联网后上面查到自己，傻子也不会这么干。"很多人已经"上有政策，下有对策"，将手下的房产要么大量转手，要么过户到其他人名下，等到今后联网了也没有后顾之忧。要堵上这个漏洞，全程留痕技术仍是重要手段，应在不动产登记和住房信息联网中设置动态统计、回溯查询功能，除了掌握官员手中现在有多少套房子之外，还要统计官员曾经经手过多少套房子、曾经同时拥有多少套房子；诸如在某一个时间节点大量抛出房产的官员，更应该成为重点监督对象。技术上要实现这一点并不困难，在单个城市内，某个市民的房产拥有、处理、过户这些数据早已记录在案，只要在联网的统计中稍加注意即可实现。

从理论上说，信息联网不仅意义非凡，而且迫在眉睫：身份证管理系统、不动产登记制度、保障房信息联网、公共空间监控探头安装及相互联网、个人征信体系、全程留痕技术、生产信息共享平台……它们的建设将为其他事务的解决搭建重要基础。很可惜的是，很多领域早已具备了信息互联条件却进展缓慢。

"联结"作为哲学意义上一个通用的趋向，怎么强调都不为过。正是这同一个趋向，贯穿着看似不同的话语、行为、外貌、品行等，而且将使得社会向良性发展。在相互"联结"的道路上，中国依然任重道远。

如何加快联结的进程？撬动它的支点隐藏在另一个重要的维度之中。

第 6 课
CHAPTER SIX

万物皆有序

从 2013 年起，北京市春季普通高中会考成绩不以分数来体现，而是采用 A、B、C、D 等级制，85 分以上为 A，84～70 分为 B，69～60 分为 C，59 分以下为 D。该成绩将在高招录取中作为学校的重要参考依据。这项政策旨在避免学生分分必较的心态并由此减轻课业负担，但这项政策真的合理吗？

公平是迟早的事

2014 年 3 月，法国人托马斯·皮凯蒂（Thomas Piketty）的新作《21 世纪资本论》（*Capital in the Twenty-First Century*）由哈佛大学出版社出版发行，这本六百多页、定价 39.95 美元的学术书，短短一个月就卖出 8 万本，热销到缺货，让出版社又加印 8 万册。除了登上畅销排行榜第一名，这本书也出现在各大报刊的版面，从《纽约时报》《经济学人》到《纽约书评》《纽约客》《新共和》，一时之间仿佛各处都在谈论。

该书的主要观点是：整个世界目前正在向"遗产型资本主义"（capitalisme patrimonial）回归，翻译成中国人的流行说法就是"拼爹资本主义"，即子女的社会经济地位很大程度上取决于父母的社会和经济地位。在这种典型的资本主义下,贫富差距必然会加大,而不会缩小。而经济学中被大家所接受的"库兹涅茨曲线"(Kuznets curve),即随着经济发展,贫富分化会先拉开距离,然后逐渐缩小的乐观结论,被认为在长时域内是不成立的。

那该怎么办呢?皮凯蒂的建议是提高税赋。经过计算,他敦促先向收入在50万至100万美元的人群征收80%的所得税,并声称收税的目的在于"终结这种收入"。

有几张图,描述最近一百年来不同国家和地区收入最高的10%人群所占有的财富份额变化,也就是在越过了扣钟形阶段之后,向"U"形发展,并且会继续延伸,以下是其中关于发展中国家的数据(见图6-1)。

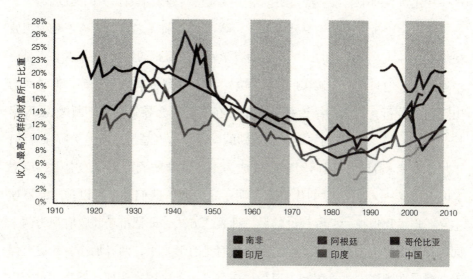

图6-1 发展中国家收入最高的人群所占有的财富份额变化

在某种角度看来,皮凯蒂的计算既能获得大量数据的支持,也符合本书一再提及的"万有引力"法则:钱滚钱,利滚利,因为质量越大,吸引力越大。所以,从以往数据来看,"遗产型资本主义"这一效应的确是存在的,皮凯蒂的研究的确给我们提了一个大大的醒。

至于将来会怎样？果真会贫富差距越来越大吗？按照混沌理论，数据上的一点点误差，都可能在之后绘制出完全不同的曲线，也就是所谓的"蝴蝶效应"。因而，用历史数据预测将来，未必完全可靠。

我们不妨以更客观的视角来说，该数据图只提供了一种可能性，而另一种可能性也是存在的，那就是在目前上扬之后再次下行。之所以存在这种可能，原因有两个：

第一，不是每个富人都已充分认识到了回馈社会的意义，但这一现状是有可能逐步改善的。前文所说椭圆中的两个焦点之一，即精神维度的开掘，目前仍在演进中。按照前文的推论，这是合乎情理的，也将是未来的大趋势。这一变化将有助于缩小贫富差距，至少减缓贫富差距不断扩大的速度。

第二，皮凯蒂的结论是建立在"资本主义"前提之下的，这正是他想要提醒世界各国着力规避的问题。正如有学者对皮凯蒂的评价："作者并不是一个思想家，他只是一个诚实的经济学家。他长年研究收入不平等，通过对历史资料的分析，得出的结论是资本主义在常态下会导致贫富不断恶化。"显然，"资本主义"这一词并不代表规则的全部，这也是凯恩斯主义所强调的：市场本身有盲目性，因而国家应该成为不可或缺的调控力量。中国在应对2008年金融危机时彰显的优势就证明了这一点。我们甚至可以把"凯恩斯主义"形象化地视为椭圆理论的另一种表达方式，即把市场和政府视为两个同时存在的焦点，市场是无形之手，政府是有形之手，两者加在一起更有保障！对于老牌资本主义国家来说，如何更好地利用国家调控；反之，对于中国这样的强势政府而言，如何更好地发挥市场作用，这种"政府和市场之间的探戈"是共同需要面对的课题。这样一来，就不能完全以皮凯蒂所看到的传统资本主义模式来预测中国将来的经济和社会走向。

总之，贫富差距是否进一步拉大，还要看身处其中的人们将如何选择并付出努力！

从宏观的角度来看，反倒是走向公平的可能性更大，这与宇宙中的"熵定律"有关。

所谓"熵定律"，也就是热力学第二定律，指的是宇宙中存在着一种普遍趋势：热总要从温度高的地方流向温度低的地方，在任何自发进行的封闭系统中，这都是不可逆的。

早在1852年，威廉·汤姆森（William Thomson，也就是后来被册封为贵族的开尔文勋爵）注意到在能量转换的过程中有一些特殊情况发生。他指出，自然界中存在着"一种普遍的趋势，就是机械能会向消耗方向发展"，总有一些能量会以转化成热的方式被"浪费掉"。不妨考虑一下发生在涡轮机里的情况：摩擦会造成轴承的升温，而升温的热会散逸到周围的环境中去，很难将它们回收为有用的能量。

其实不只是自然界存在熵定律，在人类社会生活的层面也存在熵定律。现实生活中像巴尔扎克笔下的葛朗台那样把钱藏起来、天天数钱却极抠门的人其实并不多见，反倒是挥霍浪费的有钱人比比皆是，这恐怕就是熵定律在起作用。

国家税收政策是熵定律的一种体现。皮凯蒂关于向收入在50万~100万美元的人群征收80%的所得税的建议正是熵定律通过国家税收政策的体现。就目前而言，绝大多数国家对富人的征税标准高于普通人，也是这个道理，这种共识的背后就是熵定律必然起作用。

大城市中的机动车限行政策也是熵定律的体现，比如北京的尾号限行、杭州的高峰时段和特殊地段限行等，其原因在于这些城市在某一时间、路段的车辆太多了，能量过度集中，因此需要向外分流。尽管限行政策遭到一些质疑，不过从理性角度看，它的确是符合熵定律的，因而有一定的正当性。限行的目的是为了缓解交通拥堵，交通拥堵在大城市比较严重，越困难的问题越需要多维度保障，限行是众多维度中的一种。尽管限行侵犯了公民个人的财产使用权，但在公民组成国家的状态下，公民个人必然要让渡一部分私权，以获得更大范围、更高质量的保障，就像核聚变过程中每个原子必然失去一部分质量那样，公民有时需要让渡个人的部分权利，应从更大格局来考虑利害得失。与此同时，政府要用减征车船税和养路费等方式来弥补车主的损失……总体而言，符合科学测算的尾号限行措施仍是具有合理性的。

城市户籍门槛也同样具有熵定律的性质，因为大城市具有吸引力，很多人想要到大城市发展，这必然会带来严重的大城市病，所以户籍限制作为熵定律的体现是具有合理性的。2014年7月，国务院印发了《关于进一步推进户籍制度改革的意见》，其中明确提出"全面放开建制镇和小城市落户限制，有序放开中等城市落户限制，合理确定大城市落户条件，严格控制特大城市人口规模"，城乡户籍双轨制取消了，但每个大城市依然有门槛，这是符合熵定律的。

近两年公众热议的"高考周末化"建议，也与熵定律有关：周末的各项服务资源相对空闲，更有能力为高考学生开辟绿色通道、创造良好的考试环境。2014年高考正好赶上周末，下次再出现这样的机会就要到2025年了，因而不妨根据民意尽快做出调整。

从上述几个领域的政策中不难总结出：当能量过于集中的时候，政策就应该将能量导向更均衡的分布——从更宏观、更高的维度来看，熵定律其实也是关于"平衡"的定律。

自然界的一切都是趋向于平衡的运动。比如地球椭圆轨道，经过万有引力公式计算会发现其遵守动量守恒原理，因而属于一种趋向于平衡的运动轨迹。反之，假若沿着正圆轨道运行，就会沿螺旋线逐渐被太阳引力所吞噬。椭圆轨道更合理，因为它有利于找到平衡。

人的一切行为也是趋向于平衡的运动。很多人误认为人对金钱的欲望是无止境的，其实只是因为看到别人更有钱使自己心理不平衡，所以才想在物质上与心理欲望追平而已。

从某种意义上说，我们甚至要感谢人与生俱来的心理平衡机制。如此，人们才会在贫困时有了追求物质的驱动力；如此，人们也知道身体是革命的本钱，不会无休止地工作挣钱；如此，当一个人的财富已足够多时，他反而有可能觉得拥有太多了，会主动从事慈善公益活动。所以，人的行为，似乎都是为了追求平衡，无论是物质和欲望的平衡，或是生理和心理的平衡，或是自身与他人的平衡。

有一个历史故事生动地表明了平衡驱动力的存在：过去也是贫富分化，也有金融危机，但富人能够在危机时刻有担当，比如老摩根在1907年美国金融危机时挺身而出，不仅自己出钱，而且把华尔街的大佬们锁在自己的私人图书馆里，不拿钱出来就不放人。这真是一个传奇般的英雄壮举，但我们也可以从另类的功利视角来读解：当财富过度集中、贫富差距过大时，就会造成极端的仇富心理，使生活在底层的人通过暴力或革命等方式来抢夺财富。历史恰恰就是这样演进的：暴力革命或温和改良，不管怎样，都要追求平衡。不管以哪种视角来看待，都不影响此次传奇在追求平衡方面的结果；不管慈善公益的出发点是"天性的善"还是"功利的算计"，也都是平衡法则在起作用，它们结论一致、殊途同归。

历史是曲折前进，这是世界本来的规律，皮凯蒂所说的"U"形右边不断向上，也仅仅是一种假设而已。

按照熵定律，宇宙最终会走向静止和热寂，一切能量均匀分布，但也毫无生气。新中国成立之初的人民公社或许就是它的实验版本：吃大锅饭的日子毕竟不能长久，因为人们不再有动力去改善自己的生活，因而整个社会也就缺乏活力。难道这是我们所谓"公平"理想的最终归宿吗？

就人类目前的科学认知水平而言，我们尚不能确定宇宙在走向热寂之后是否会进入下一轮重新聚集能量的轮回。不过,有一件事是确定的:目前的宇宙,处在"熵定律"发生作用、不断走向公平的进程中。

公平是迟早的事,我们需要思考的是:绝对意义上的公平真是我们想要的吗?

以负熵为食的精灵

埃尔温·薛定谔(Erwin Schrödinger)有一本小书,叫《生命是什么》(*What is Life*)。薛定谔在这本书中提出了一个惊人的观点:生物体以负熵为食。他认为:"新陈代谢的本质是,生物体成功地使自己摆脱在其存活期内所必然产生的所有熵。"当无生命的孤立系统处于均匀一致的环境中时,其中的运动最终会趋于静止,温度也趋于均匀一致,化学反应最终停止了,也就达到了熵的最大化。

以目前的情况看来,生命都有一个终点,那就是死亡。对于人来说,每个人熵最大化的状态便是死亡。因而,人在生命期限内,一直保持不稳定的状态,对抗着熵的增加。

要更好地理解这一观点,必须提到熵的另一些表现。比如,我们看到某段影像资料中的一滴蓝墨水在水中慢慢化开,就知道这是正常时序播放的;如果看到一杯水中的淡蓝色慢慢凝聚成一滴蓝墨水,就知道这是倒序播放的。为什么会这样呢?因为一滴蓝墨水在水中散开的概率要远远大于一杯淡蓝色水中所有墨水分子凝成一团的概率!同样,冷水和热水混合,变成一杯温水的概率要远远大于与之相反的概率——熵定律的背后,有"概率"的身影。

因此,就有了"麦克斯韦妖"的设想。这是麦克斯韦提出的一个理想实验的存在物,它是一个身手敏捷的小精灵,控制着分隔密闭容器的隔板上的一个微孔。麦克斯韦妖能够看清飞来的分子,能够判断它们运动的快慢,并选择是否让它们通过。通过筛选较快的分子(能量高的分子)和较慢的分子(能量低的分子),它可以使得较快的都去同一侧而较慢的都去另一侧。这么一来,它改变了原来的概率,原来那些分子去哪一侧是随机的,但现在却因为快或慢而有了特定去处(见图6-2)。

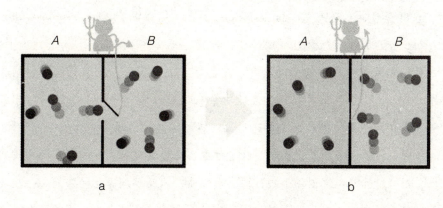

图 6-2 麦克斯韦妖

于是,这个神奇的麦克斯韦妖能将密闭容器中混合均匀的 A、B 分子神奇地分开;能将常温铁棒的一端变得滚烫,而另一端变得冰冷;能将食盐溶液分为食盐颗粒和清水……总之,可以反转正常的扩散过程。而且,在这个假想中的精灵这样做时,"无须做功,只需一个眼明手快的存在物发挥其智能即可"。

这个理想实验的潜在含义是"有序"和"无序"的差异。如果是均匀的,就是"无序"的,不均匀就是"有序"的。再来看"熵"这个词,它是由热力学主要奠基人之一鲁道夫·克劳修斯(Rudolf Clausius)提出的,用来表示能量的不可用程度。大家常见的表述是:熵表示体系的混乱程度(或无序程度,或随机性)。

这个世界，没那么简单

如果麦克斯韦妖果真存在，那就可能使世界变得有序。尽管经过科学史上很多人的思辨和论证，理想实验中的麦克斯韦妖在现实物理世界是不存在的，但在某种程度上，生命本身就是麦克斯韦妖。而这正是薛定谔惊人的发现：生物体以负熵为食。意思是说，生物体从外界摄取能量，转化成自身的能量，然后变成一种有序的存在。

说得再清楚一些：越有序，说明其符合熵减（而不是熵增）的趋向，它就越具有美感、越具有生命的活力！

正如詹姆斯·格雷克（James Gleick）在《信息简史》(The Information: A History, a Theory, a Flood)中所说的：

我们都像麦克斯韦妖一样活动。生物体（organism），顾名思义，时刻在组织（organize）。也正是在日常经验中，我们可以发现一向冷静的物理学家之所以会在两个世纪里对这个卡通形象一直难以忘怀的原因。我们分拣邮件、堆造沙堡、拼凑拼图、复盘棋局、收集邮票、给麦穗脱粒、按字母表顺序排列书籍、创造对称形式、创作十四行诗和奏鸣曲，以及整理自己的房间……生物体降低了无序度，这不仅见于其所在的环境，也见于其本身，见于其骨骼、肌肉、囊泡和生物膜、外壳和背甲、叶和花，以及循环系统和代谢通道——这些无疑都是体现出模式和结构的奇迹。有时看来，我们存在于这个宇宙似乎就是为了一个知其不可而为之的目的——控制熵。

这简直太妙了，生命之所以具有美感，因为它逆熵定律而行，生命本身就是以负熵为食的精灵！薛定谔还解释说："'负熵'的笨拙表达可以换成一种更好的说法：取负号的熵正是序的一个量度。这样，一个有机体使它自身稳定在一个高度有序的水平上（等于相当低的熵的水平上）所用的办法，确实是在于从周围环境中不断地汲取序……被它们（高等动物）作为食物的、不同复杂程度的有机物中，物质的状态是极为有序的。"

通过这种有序与无序的对比，我们要重新讨论备受关注的中小学教育资源均衡问题。

经过几十年的发展，中国的优势教育资源不断集中，形成了一些优质校和名校，不同的学校也被分成三六九等，这恰恰是"序"的体现，而且这种"序"在教育效率方面确实发挥了作用。就师资而言，存在着等级差异是十分正常的。职称评定本身不仅意味着承认教师存在好坏优劣，而且通过评定也能更好地发挥教师的主观能动性。因而，师资队伍本质的质量参差不齐，这一点必须承认。

这样说并不意味着我们要保持教育资源不均衡的现状，恰恰相反，尽量均衡地配置教育资源，是当前必须要做的事（后文将讨论解决这一问题的方法）。在此之前，我们首先要形成正确观念，切不可认为"序"是种坏东西。

那么，既然"序"是有益的，与"序"相反的"公平"也是有益的，究竟哪种力量更具主导性？哪种力量更有益呢？如果产生此种疑问，恐怕仍属低维思维，我们不妨从高维来看。

依然用人的物质和精神双重需求来作个类比。物质是有益的，精神也是有益的，两者同时存在、互相博弈；"公平"和"秩序"也是如此：两者同时存在，互相博弈，在动态中保持平衡，少了哪种都不行。

或者，我们可以在头脑中把它们简单化为横坐标（公平）和纵坐标（秩序）的关系，它们不仅不矛盾，而且共同支撑起社会分层的金字塔。

信息与负熵

"信息"与"负熵"有关系吗？

在大数据时代，有一个问题已经得到了比以往更好的解决，那就是不同

这个世界，没那么简单

语言之间的翻译。

很多人都应该记得，在十年前，机器翻译还是一件十分困难的事。《大数据时代》[1] 一书中提到，在 20 世纪 60 年代，研究机器翻译的人们意识到翻译比他们想象的更困难，不能只是让电脑熟悉常用规则，还必须教会电脑处理特殊的语言情况。法语中的"bonjour"就一定是"早上好"吗？有没有可能是"今天天气不错""吃了吗"或者"喂"？事实上都有可能，这需要视情况而定。然而，明确地教电脑学会辨别这些是不现实的。

到了 20 世纪 90 年代，IBM 的一个研究项目将有 300 万句之多的加拿大议会资料翻译成了英语和法语并出版。由于数据量非常庞大，而且这些官方资料的翻译质量很高，所以就非常讨巧地把翻译的挑战变成了一个数学问题，也就是根据以往概率来判断应该如何翻译，而且这种方法似乎很有效！

进入大数据时代后，谷歌翻译系统为了训练计算机，吸收了能够找到的所有翻译资料。尽管谷歌语料库的内容来自未经过滤的网页内容，所以会包含一些不完整的句子、拼写错误、语法错误以及其他错误。但是，该语料库比以往大了几百万倍，这样，优势压倒了缺点，翻译质量又有了很大提高。由此我们可以看到"概率"的统计对于提高机器翻译质量是多么重要。

那么，概率意味着什么呢？显然，概率是一种有效的"信息"。

另一个给人启发的案例来自詹姆斯·格雷克所著的《信息简史》：在萨缪尔·莫尔斯（Samuel F. B. Merse）编制他那著名的电码时，他和合作者艾尔菲德·维（Alfred Vail）就意识到，应该让最常用的字母对应较短的编码，这样可以减少击键次数并提高速度。但哪些字母才是最常用的呢？在当时，人们对于字母的使用频率还未作过统计。维尔灵机一动，拜访了新泽西州莫里斯敦镇的一家当地报社。在那里，维尔仔细查看了他们使用的铅字盘，

---

[1] Viktor Mayer-Schonberger, Kenneth Cukier. 大数据时代. 盛杨燕，周涛，译. 杭州：浙江人民出版社，2013.

发现备货中有 1.2 万个 E、9000 个 T，但只有 200 个 Z。他和摩尔斯据此调整了字母编码。很多年后，据信息理论学家的计算，他们的英文电报编码方案距最优排列方案相差只有约 15%。在这个案例中，我们再次看到了概率和信息的关联。

《信息简史》推崇备至的信息论创立者克劳德·香农（Claude Elwood Shannon），甚至根据字母组合出现的概率，"随机"生成了非常接近英语的"词汇"。其具体原理是什么呢？

假如每个字母出现的频率都完全相同，那随机生成的可能是"XFOML RXKHRJFFJUJ ZLPWCFWKCYJ"之类的字符串，这显然与英语的实际面貌相差甚远。但是有一些概率是可以被观察到的，比如，在英语中，字母 e 和 t 出现得较多，而 z 和 j 较少；最常出现的双字母组合是 th，大致每千个单词出现 168 次，紧跟其后的是 he、an、re 和 er；再比如，在单词 an 后面，以辅音字母开头的单词的出现概率就极小；假如一个单词以字母 u 结尾，那么这个单词很可能是 you；连续出现两个相同字母时，它们通常会是 ll、ee、ss、oo；另外，在一条包含"母牛"一词的信息中，即便后面间隔了许多其他字符，再次出现"母牛"一词的概率仍然相对较高……当香农把诸如此类的"信息"逐渐加入到规则中，"随机"生成的字符串就可能是"THE HEAD AND IN FRONTAL ATTACK ON AN"这样的，它们"看起来"像英语的程度越来越高。

"信息"如此重要，影响到的领域也绝不止语言，甚至涵盖了人类社会生活的方方面面。詹姆斯·格雷克在书中还提到了一种引人深思的理念："在研究邮政的经济学时，查尔斯·巴贝奇（Charles Babbage）持一种与一般人直觉相反的观点。他认为，成本中的大头并不是信件和包裹本身的运输成本，而是'校验'过程的成本，如计算距离以及收取正确费用等。因此，他最早提出了现代的邮政费率标准化的设想。"这一理念提醒我们，今天的很多问题也许就出在信息未能充分互联互通上,所以很多领域的信息联网必须加紧推进。

对于信息的重要性,控制论之父诺伯特·维纳(Norbert Wiener)则将其解释为"信息代表秩序",或者说"信息是负熵"。

于是,我们把"信息""负熵""有序""活力""文明"这些看似各不相同的词,放到同一个方向上,它们是高度重合的。

在结束这番理论探讨之前,还有一个问题是值得注意的:

1961年,美国物理学家罗尔夫·兰道尔(Rolf Landauer)发现,大多数逻辑操作其实不增加熵。当一比特信息从零翻转为一,或相反时,该信息是守恒的。这个过程是可逆的,这时熵没有改变,也没有热量需要耗散。兰道尔提出,只有不可逆的操作,才会导致熵增加。詹姆斯·格雷克写道:"他(兰道尔)最终确认了,许多计算可以不耗费任何能量就能完成,而热量耗散也只有在擦除信息时才会发生。擦除是一种不可逆的逻辑操作。当图灵机的读写头清除纸带上的某一方格,或电子计算机清空一个电容器时,一比特信息就损失掉了,然后有热量必须耗散掉……遗忘需要功。"最后这句话实在深刻:信息就在那里,并不会导致熵增,反而是信息被遗忘时,熵增加了,无序程度也增加了。

这令人联想起我国高考制度改革中的一种尝试,将学生的会考成绩具体分数隐藏起来,只以A、B、C、D四个等级来划分,看似能避免学生分分必争以及由此带来的课业负担,然而从信息熵的角度看,恐怕是误入歧途。用人为的方式抹掉信息,是愚蠢的做法。要解决教育公平,真正有意义的方法是学生从小到大的信息全程留痕。

另一个重要领域的信息化目前少有人提及,但其实也十分迫切,而且是影响十分深远的,那就是农业生产领域。

2013年,中国粮食生产实现了"十连增",但丰产丰收的矛盾依然存在。

近些年来不断出现各种市场价格异动，如菜贱伤农、农民种粮积极性不高、生猪价格大幅波动，以及网民调侃的"姜你军""蒜你狠""豆你玩"……这些现象的背后，是生产信息的不对称、盲目性，种时扎堆儿，不种时一哄而散。农业作为上游的第一产业，其作用不容忽视，但它目前正是信息建设的薄弱环节。

为此，非常有必要建立全国联网的生产信息共享平台。让我们憧憬有那么一天，在百度、高德等地图上能够清晰地看到不同耕地、林地、牧场等的具体种植或养殖品种、规模，并提供相关的供需数据参考。这样，农民可根据情况自行申报来年的生产意向，甚至能根据这些共享信息形成完整的产供销链条，那无疑将在更大程度上节约资源、减少浪费、提高农业生产效能。

如果再扩展开来看，生产信息共享平台不仅可应用于农业生产，而且对第二、第三产业同样适用。

信息具有这个时代更值得挖掘的价值。信息的互联互通，是一座巨大的宝藏，尤其在大数据时代，它将带来全新的生产模式，把中国带入更加有序的明天。

奇异的数字之序

19世纪晚期，天文学家西蒙·纽康（Simon Newcomb）注意到在很多数据中都重复出现着一种意想不到的特定模式。

纽康最早是在使用对数表时发现这一问题的，他发现对数表前面的页码比起后面的那些更破旧。大家知道，对数表更像一部字典，如果前面被更频繁地使用，就说明人们在计算时更常处理位于前面的那些数。

这个世界，没那么简单

这里面涉及的是"首位数"概念，即第一个出现的那一位数。例如，4 078 的首位数是 4。我们可以忽略开头的所有 0，所以 0.000 213 的首位数是 2。接下来的问题是：1 到 9 各个数字作为首位数出现的次数谁多谁少呢？大家的直觉或许是每个首位数出现的频率都一样（均为 11% 左右），但实际情况令人吃惊，它根本不是这样的，而是如图 6-3 所示分布。

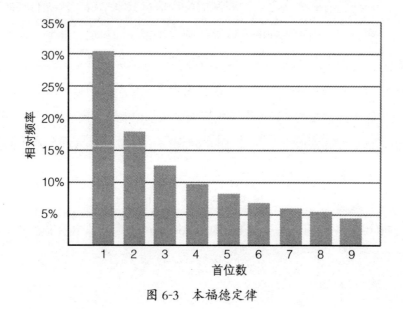

图 6-3 本福德定律

纽康广泛地采用了很多来源不同的数据（例如全世界所有河流的流域面积等），发现数字 1 比其他数字出现得更频繁，大约占了 30%，而其他各个数字出现的频率是依次递减的。

到了 1938 年，物理学家弗兰克·本福德（Frank Benford）沿着纽康的足迹前进，再次得出了纽康的奇特模式。本福德在更广泛的情形下检验这一理论，分析了棒球比赛统计结果、流域面积数据、死亡率、不同数字的平方根、美国数学家的地址、分子的重量以及杂志上出现的各种各样的数字，此外还有许许多多不同来源的数据。几乎在每一个例子中都发现了这一模式。纽康和本福德各自都找到了描述这种模式的公式。这个公式后来被称作本福德定律，数字 n 作为首位数出现的相对频率为：

$$\log_{10}\left(1+\frac{1}{n}\right)$$

本福德定律将神秘的首位数现象变得接近于一个数学猜想了，但是人们却无法说明这个奇特现象为什么存在。

您或许会想，这与十进制有关吧？实则不然。假设要测量山脉的高度，无论用米、用英尺、用英寸来度量，无论具体数字怎样变化，总体的模式仍大致相同，也就是说首位数的分布具有标度不变性（不以尺度变化而变化的规律性），假如把数据换算成二进制、三进制等，类似规律依然存在，即在 b 进位制中，以数 n 起头的数出现的概率为：

$$\log_{b}\left(1+\frac{1}{n}\right)$$

更神奇的是，本福德定律中的这些比例相当精确！1995 年，特得·希尔证明了其他任何的首位数分布都不具备这种特征，满足标度不变性的首位数分布只有本福德定律一种，这就使得该定律更可信了。

当然，并不是在所有场合它都能成立，比如在一些限定非常明确的数据集中，情况就不是这样：如果要记录幼儿园中孩子的年龄，首位数基本上都在 3 到 6 之间；如果要记录电影院里放映的电影时长（按小时计），首位数基本上都是 1 或者 2；如果要从 1 到 99 中随机挑选做实验，各个数字作为首位数的频率也是相等的……但是，越是在杂糅了所有真实数据的时候（比如原子重量、街道地址、物理常数、股市数据等所有数据全部放在一起时），越能完美吻合本福德定律。

到了 20 世纪 90 年代，马克·尼格里尼（Mark Nigrini）给本福德定律找到了一种非常好的用途，即在审计时用于发现假账。研究表明，合法的会计数据是应当符合这个定律的，假如首位数基本平均分布，那么这些数据就有较大的伪造嫌疑。

本福德定律究竟为什么能成立？这样的问题被一次次提起，只能有待将来的进一步研究。我们姑且从哲学角度把它作为大自然深层秩序的另一种暗示吧！

有一点则是符合常识的：站在金字塔尖的永远是最少数，无论本福德定律也好，帕累托分布也好，似乎都与这种结构有关。这些规律意味着，我们要承认和正视某种等级秩序。

这个问题的现实应用，对于公务员待遇的设计或许能提供一些启示：尽管同为公职人员，但不同职级的公务员之间的确存在着差异，是否可参考本福德定律在待遇上拉开梯度？虽然乍看上去有点不公平，但这是符合深层自然规律的。

待遇拉开梯度还有一个原因，即前文提到的要把公权力和个人劳动价值这两个维度区分开，这需要建立在充分尊重个人劳动价值的基础上：让有能力担任领导干部的人觉得价值获得认可、生活有尊严，不再需要靠染指公权力来满足一己私利。

另外，根据皮凯蒂在《21世纪资本论》中的说法，造成贫富差距不断拉大的重要原因是资本的增值速度远远超过个人劳动本身，因而才会造成"遗产型资本主义"的形成。由此可见，尊重个人的劳动价值，使其能按规律增值是十分必要的。

本福德定律所体现的"排序"理念，还可以应用到更多的领域。

比如，近几年来人们常常为出租车行业究竟属于"公共服务"还是属于"市场提供的产品"争论不休，这一争议完全可以通过排序来解决。按照2011版的"中国国民经济行业分类"，出租车的位置处于"G.交通运输、仓储和邮政业"门类下的"54.道路运输业"下的"541.城市公共交通运输"，这表明出租车属于公共服务。不过，近些年来，公众对出租车价格听证会

"每听必涨"、价格"听证会"变成"涨价会"颇有不满,就是因为要涨价时总在强调出租车价格应随市场变动的"市场属性"。而且,出租车司机的收入并不是以工资方式体现的,而是在缴纳"份儿钱"后的自负盈亏,的确也有较明显的市场特征。另外值得注意的是,出租车行业长期以来采用的是特许经营制。按照2004年3月的《市政公用事业特许经营管理办法》相关提法:"市政公用事业特许经营,是指政府按照有关法律、法规规定,通过市场竞争机制选择市政公用事业投资者或者经营者,明确其在一定期限和范围内经营某项市政公用事业产品或者提供某项服务的制度。"特许经营意味着出租车应当兼具公共服务和市场的特征。上述特征似是而非,看来出租车的确处在"公共服务"和"市场"的交叉地带,引起争议也就不足为奇了。

怎么办?再来看发展趋势。中共十八届三中全会提出"要让市场发挥资源配置的决定性作用",李克强总理也指出"要看住政府这只乱伸的手"。在这样一种走向市场化的大趋势面前,处在交叉地带的出租车当然属于应首先市场化的领域之一,因为它在"城市公共交通运输"的几个类别(公共电汽车客运、城市轨道交通、出租车客运、其他城市公共交通运输")的横向排序中,显然最接近市场这一端,当然要首当其冲地进行改革。

很多事情就是这样,如果割裂了横向联系、就事论事地看待个别现象,常常陷入"不识庐山真面目,只缘身在此山中"的困局,而通过横向比较和排序就有助于解决问题。

按照这样的思路,哪些行业应该首先市场化,并不能孤立地讨论,而应从顶层设计并布局。我国将国民经济行业分为:

A. 农、林、牧、渔业；

B. 采矿业；

C. 制造业；

D. 电力、热力、燃气及水生产和供应业；

E. 建筑业；

F. 批发和零售业；

G. 交通运输、仓储和邮政业；

H. 住宿和餐饮业；

I. 信息传输、软件和信息技术服务业；

J. 金融业；

K. 房地产业；

L. 租赁和商务服务业；

M. 科学研究和技术服务业；

N. 水利、环境和公共设施管理业；

O. 居民服务、修理和其他服务业；

P. 教育；

Q. 卫生和社会工作；

R. 文化、体育和娱乐业；

S. 公共管理、社会保障和社会组织；

T. 国际组织。

显然，不同行业，其市场化程度也应是不同的，这里面需要排序，这种排序方面的"顶层设计"有可能带来更有序的效果。

排序还可以解决长期以来行政效能低下、"门难进，脸难看，事难办"的顽疾。

就拿住房信息联网工作来说，多年前社会各界就在呼吁推进这项联网，但其阶段性目标屡次遭搁浅，非不能也，是不为也。2014年3月，国务院发布的《国家新型城镇化规划（2014—2020年）》明确提出建立以土地为基础的不动产统一登记制度，推进部门信息共享也有了明确的时间表，到2020年要实现全国住房信息联网。不过，究竟能否如期实现，依旧是一个大大的问号。

要想促进这一问题的解决，不妨引入排序机制，在中央设定统一格式（即登记机构、登记簿册、登记依据和信息平台"四统一"）之后，把信息提交权限直接下放到基层。如果某些地区的领导干部足够有决心，率先完成了此项工作,就可以纳入绩效考核并获得某种方式的奖励。最后哪个地区没有联网,就说明那里更可能存在问题,各级纪委应格外引起关注。这样,逐渐把压力集中到少数未完成的地区,"法不责众"的心理也就消失了。按照类似的思路,中央政府在出台一项政策后,不仅要给出一个截止期限,而且可以在制度上引入排序和奖惩机制,使很多工作真正得以落实。

陀螺变形记

既要有序,又要公平,两者如何兼顾?如图 6-4 所示,我们不妨来建立一个"既有序又公平"的模型。

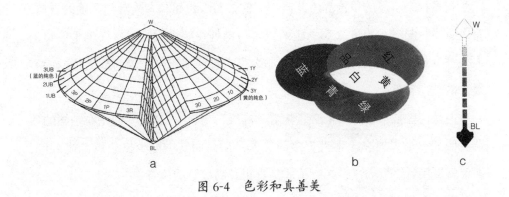

图 6-4 色彩和真善美

图 6-4 a 是威廉·奥斯特瓦尔德(Friedrich Wilhelm Ostwald)的色立体模型,他把不同颜色组装成了一个陀螺的形状;图 6-4 b 的意思是在水平方向上为三原色的相互关系,而且随着离开中心轴越远,色彩的饱和度(即鲜艳程度)越高,比如纯蓝、纯黄等;图 6-4 c 表示垂直方向上的颜色,顶端 W 表示白色,底端 BL 表示黑色,是一条从白到黑过渡的中心轴;分布在这个

色立体模型中每个格子的颜色，都是不同的彩色（红、绿、蓝）和深浅不同的消色（黑、灰、白）以各种比例混合的结果。

奥斯特瓦尔德关于颜色的这个模型，可以用来作一个形象的比喻：我们不妨把真善美的关系比作三原色，它们之间既互斥又互补——有时候，做到了真，未必做到美，比如"信言不美，美言不信"；有时候，做到了善，也未必美，比如"良药苦口利于病"，诸如此类。还可以在三原色基础上进一步细分，赤橙黄绿青蓝紫，或者继续细分成很多个小格子，让它们代表教科书上倡导的各种美德：聪明、勤奋、理性、纯真、宽容、严格、欣赏、诚实、忠诚、孝顺、独立、信任、威仪、亲和、仗义疏财、勤俭持家、持之以恒、灵活应变、自信、自知之明……不难发现，这些美德之间存在或多或少的"相悖"，它们以两个为一组互相矛盾，处在不同的方位上，就像互补色一样，这正是社会价值观的生动图解。

很多社会事件的争论都由此产生。比如芙蓉姐姐，有人看到了她的自信，有人觉得这是缺少自知之明，她的位置仿佛处在陀螺边缘，这样剑走偏锋的人往往容易被公众看见。为什么有那么多人想要搏出位？因为搏出位的确有效，能被"看见"。

但是，能被"看见"未必意味着"高级"，真正"高级"的是在陀螺的顶端。假如一个人拥有比别人更多的优秀品质，而其中更少掺杂黑色或灰色，那他就更接近终极的白色光，这才是真正"高级"的位置。

在一个理想的社会中，如果由高道德（接近"白色光"）的人占据社会的顶层，那么整个社会无疑将更有序。有很多人会质疑说，现在身居高位的人不乏贪污贿赂、鱼肉百姓的"老虎"甚至"大老虎"，这又作何解释？我认为，这是因为陀螺还在动态变化和"成长"的过程中。而且，放眼长远来看，这些"老虎"或"大老虎"由于掺杂了灰色甚至黑色，在纪委监察之下被淘汰出局，甚至成为阶下囚，仿佛是沉淀到了陀螺底部。

我们每个人，似乎都能找到自己在陀螺中的位置。

婴儿刚出生的时候在哪里呢？或许在陀螺的正中心，一切都不明朗，既可以向好的方向发展，也可以向坏的方向发展；他们相差无几，也很少被公众关注，随着时间的推移，分化就逐渐产生了。

有的孩子聪明一些，会更快地向上流动，老师会更喜欢这样的学生，学生也能获得更多机会。也有些孩子虽然不够聪明，却很勤奋，也能逐渐争取到较高的位置。聪明和勤奋似乎是一对互补色，孩子们小时候并不愿意被夸勤奋，因为那好像意味着他不够聪明。但是随着时间的积累，仅靠聪明是远远不够的，勤奋被调动起来。继续成长的过程中，复杂的社会博弈还会纳入更多的因素，比如财富、名望、权力、学识、技能、人脉、信息……总之，拥有的各种优秀品质越多，越有利于占据更高的位置。

所以，这个陀螺的顶端，意味着综合的效果，意味着更大格局，意味着更多联结。正如白色光是所有彩色的总和一样，其内在的逻辑是一致的。我们把优秀的事物称为"阳光的""向上的"，把"天堂"放在这一端，同时，把丑陋的事物称为"黑暗的""向下的"，把"地狱"放在这一端，这恐怕不仅仅是"约定俗成"或"巧合"那么简单。

而且，这个陀螺正好也符合理想的社会分布结构"纺锤形"，即两头小、中间大的形状。现在可以用色彩陀螺给"纺锤形"提供另一种角度的哲学解释。

值得注意的是，社会阶层分布并不是一个静态的、板结的陀螺，而是动态的、不断变化的，这本是社会博弈和进化的应有之义，但当今社会很多被诟病的问题，都与它的板结有关，即只能上不能下，缺乏退出机制。

比如，有些问题官员"带病复出"，好像道德品行远不如能力更重要，这种观念亟须改变。值得一提的是，2014年7月，江西省委原常委赵智勇被连降7级成为科员（官员特别是副省级高官适用降级处分并不多见，更不要说

"断崖式降级"了），期待此次降级作为处分方式被高调激活之后，将来官员能上能下将成为一种常态。

又如，院士制度长期以来既不能允许院士被动退出，甚至也不能主动退休，仿佛获得了院士头衔便是一辈子的身份，这种状况也逐渐被改写。2014年6月，中国工程院新章程在已有院士退出机制的基础上，增加了"劝退"规定，当院士的个人行为违反科学道德或品行不端，严重影响院士群体和工程院声誉时，劝其放弃院士称号。据悉，中科院新章程也拟作相同的规定，院士终身制有望被打破。

还有其他领域，诸如中小学教育资源的不均衡、医疗资源的不均衡等，也都与"能上不能下"有关，这是需要改变的思维定式。

想要兼顾公平与有序，就要把社会分布打造成这样一个陀螺，每个人在其中所处的具体位置是有等级秩序的，而且每个人的位置能上能下，它将呈现出一种动态博弈的结果。

为了让整个社会"陀螺"的分布更合理有序，有太多的工作需要做，多数与信息的公开与互联互通有关。

比如，期待大数据时代的个人征信体系能尽快建立。这个体系不仅包含个人在银行等机构的信用评价，比如有无恶意欠款（否则，处在陀螺底端的那些"有钱的恶人"也许还算"诚信"之人呢，这种评价维度显然太单一、太片面了）。每个人都是多维的，评价也必然应是多维的，如此才能尽可能"逼真"。

在诚信危机中重建信任，正如蜘蛛在织网时要先搭一个网架结构一样，要从一些相对牢靠的支撑点入手。因此，各行各业被公众信任的公知和意见领袖们，应主动担当起这个重任，率先加入个人征信系统并提供相应的信息。

让我们设想：在将来的个人征信系统中，公民个人可以自己上传某些个人信息，经过实名认证后也可以对他人的品德、能力等进行评价（被评价者则看不到评价来源），而这些评价工作又可以折算成自己信用积分的一部分……这和目前豆瓣、淘宝、京东等网站的打分机制有相通之处，但也有较大差异，即必须通过实名认证，而且应运用更科学、细致、合理的计算方式。如果能搜集到足够可靠和丰富的信息，经过大数据的统计，每个人的信用等级就相对清晰了。于是，当我们需要和他人打交道时，就可以借助这种评价做出更好的判断和抉择。

总之，信息是种好东西。当时代已从"熟人社会"进入"陌生人社会"时，我们更需要借助高科技手段对信息进行充分发掘和合理利用，这样才能使社会运行更有序、更有活力。

分形的魔法

如果说，"陀螺形"（又叫"纺锤形"）是理想社会的整体结构和粗略轮廓，那么如果拿着放大镜去看它的各个局部，又将呈现出什么样的景象呢？这里有一种长期被忽视的重要原理：分形。

"分形"这个词最早是在1973年由数学家贝诺瓦·曼德尔布罗特（Benoit Mandelbrot）造出来的。如果用直观方式来解释，可以参照图6-5，它们呈现出了整体和局部的自相似性。

分形理念在自然界是无处不在的。最典型的是海岸线：海岸线总是曲曲折折的。如果从宏观地图上看，它们好像近似于平滑的曲线，但如果放大其中的局部，就会显现出更多弯曲和更复杂的曲线，继续放大依然如此，即使绘制一平方厘米范围内的地图，由海滩上那些砂粒组成的海岸线仍是弯弯曲曲的。

这个世界，没那么简单

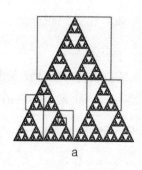
a

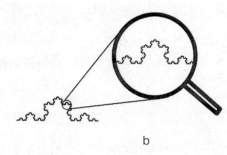
b

图 6-5　分形原理

除海岸线外，自然界中大到绵亘的群山叠嶂、瞬间的霹雳闪电、神秘的原始森林，小到花椰菜、鹦鹉螺壳、玫瑰花、组成物质的基本微粒，也都体现出分形理念。人身体内的血管，从大动脉到小动脉、静脉、微血管；人体各种器官和系统，从循环系统到淋巴系统、肺部、肌肉组织、肾盂和小肠，再到大脑表层的褶皱，其整个结构同样呈现分形特征。在社会学领域，诸如价格波动等也都符合分形理念。

分形理念如此广泛地存在，无怪乎黑洞的命名者、著名物理学家约翰·阿奇博尔德·惠勒（John Archibald Wheeler）感叹道："谁不知道熵概念就不能被认为是科学上的文化人，将来谁不知道分形概念，也不能称为有知识。"

在分形几何建立以后，很快就引起了许多学科的关注，这是由于它不仅在理论上，而且在实用上都具有重要价值。

在《二维和高维空间的分形图形艺术》（李水根等著）一书中，介绍了如何在分形理念的基础上通过计算机程序生成树的图形（见图 6-6）。

其中的主要步骤是：先确立一个初始元（即一条从上到下的直线），然后依照程序前进两步，形成生成元（即向左和向右分别画两个分枝），再如此依次进行，就能形成右边的图形。

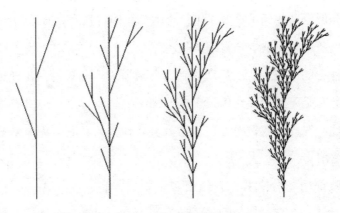

图 6-6 分形的树之一

当然，也可以对最初的生成元作一些小的改动，比如从起点往上两步后，先右后左出现两个分枝，而每个分枝又分别向左凸和向右凸，最后形成"被风吹动着的树"（见图 6-7）。

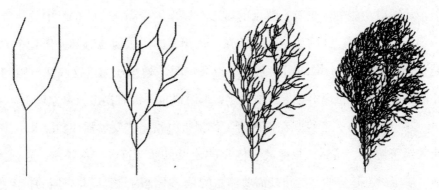

图 6-7 分形的树之二

由图 6-6、6-7 可以看出，虽然其背后的理念是清晰而简单的，绘图步骤并不复杂，但在结果上却能较为准确地描述现实生活中树的外形和姿态（这也反过来说明分形原理是能够被验证的）。

现在的科幻电影，能把外星球的地形、气流、云朵、水域塑造得如此逼真，其中分形原理起到了重要作用；否则，我们看到的只能是儿童的卡通片，徒有简单线条轮廓而缺少丰富细节。

一个社会的形态中，也广泛存在着分形原理。如果说，在理想中的社会中，整体分布是陀螺形（纺锤形）的，那么其各个局部也应具有结构上的某种自相似性。对此，我们更经常地把社会比作大树，其实无非是分形的一种典型形态罢了。

从行政部门划分来看，我国设置了中央、省、市、县、乡五级人民政府，每一级政府都有一把手领导；政府下面又分设各部、委、办、局、科室等，又都有各自的领导和普通职员，这显然也是一种分形结构。

从城市道路设计来看，北京之所以成为"首堵"，很大程度上是因为"摊大饼"的模式不符合分形原理，像卡通片一样只有大体轮廓而缺少细节变化。如果道路设计有更多的"毛细血管"，将会有利于道路畅通。

从城市功能分区来看，北京的城市布局也饱受诟病，CBD、中关村等工作场所过度集中，还有天通苑、望京、通州、亦庄、河北燕郊这样几个"睡城"，在很大程度上增加了北京上下班高峰时的通勤压力，这一切失败的设计都源于对分形原理不够重视（当然，那时候也还没有提出分形原理）。

2014年3月，李克强在作政府工作报告时指出，要加强环渤海及京津冀地区经济协作。显然，京津冀一体化的建设目标是符合"越联结，越强大"和"熵定律"趋势的，但格外需要注意的是，不能因此变成北京城的扩大版、把"睡城"之类的功能整体向外迁移，而是要在初期设计时就考虑到各种功能的综合配套与分形特征。

总之，分形现象在自然界中无处不在，而许多社会领域中迫切需要调整的问题，其解决方案也蕴含在分形理念中。

魔鬼与天使同在

魔鬼与天使，是两种相互博弈的力量。然而，世界上不可能只有天使，没有魔鬼，这种理想注定不现实。

在大卫·伊格曼（David Eagleman）所著的《生命的清单》（*The Life List*）这本充满奇思妙想的小书中，有一篇文章叫作《众生平等》，讲了一个耐人寻味的故事：上帝把人群分成了好人和坏人，但她又发现人可以在一些方面是好的，同时又在其他方面是卑鄙和堕落的，因此他时常为"谁该上天堂、谁该下地狱"的问题困扰。直到有一天，他想到了一个好办法：让所有的人都能上天堂，众生平等。书中描述道：

不再是某些人忍受烈火的折磨，另一些人却享受着竖琴奏出的美妙音乐。在这种死后的生活中，人们在判断你时，不再看你睡的是帆布小床，还是水床；吃的是没有煮过的土豆，还是味道鲜美的三文鱼寿司；喝的是白开水，还是香槟美酒。在这里人人皆兄弟，是真正的平等。这个在地球上一直没能充分实现的观念，第一次得到了彻底的实现。

共产主义者感觉困惑。没错，这正是他们企盼的最终的理想社会，可它竟然是在他们并不相信的上帝的帮助下实现的。精英主义者感到不安。因为一小撮儿激进分子，他们竟被闹得困在这样一个全无激励机制的社会里无法脱身。保守主义者对此不遗余力地去进行贬损。自由主义者再也找不到受压迫者去进行宣传鼓动。

最后，上帝坐在自己的床头，流下悔恨的泪水。因为此刻，人们唯有在一个问题上的看法才是一致的，那就是：大家都生活在地狱之中。

这恐怕是天生的悖论：如果没有地狱，恐怕也没有了天堂；如果没有魔鬼，恐怕也无法区分出天使。图6-8来自荷兰画家艾舍尔，他的画作总是有着鲜明而生动的哲学意味。在这里,我们看到了"天使"和"魔鬼"是如何共舞的。

图 6-8 天使与魔鬼的圆形分界

一切生命的发展和文明的演进,似乎都是天使和魔鬼相互博弈的结果。

从理论回到现实:魔鬼与天使同在,公平与秩序的关系亦然。在人们的意识中,"魔鬼在下,天使在上"是全人类共通的,那么公平与秩序的相对位置又在哪里呢?这是一个很难说清的问题,在我个人看来,"公平"是横向的,"秩序"是纵向的,所以似乎"秩序"更像天使而"公平"更像魔鬼。当然,对此问题的判断可能是见仁见智的。

不过,从更宏观、更高维度来看,真正有意义的结论在于公平与秩序是两种相互制衡的力量,在一种占上风的时候,另一种不能完全退让,而应总体上维持平衡。

现在,我们处在一个不太平衡的阶段:在现实方面,贫富差距太大,因此急需"公平",这面旗帜非常有号召力;反过来讲,当"公平"被认为具有先天合理性的时候，不要忘了"秩序"同样是有益的，同样是一个不可或缺的维度。

拿一个关注度较高的领域来分析公平和有序的互动，即中小学教育资源均衡问题。如果只是规定最优质学校10%的教师参与流动和轮岗，恐怕只是杯水车薪，只能算是阶段性的措施而非最终目标。从理想状态来看，我们不妨把中国的教育事业想象成一棵参天大树（这与"陀螺"有相似的结构，但更通俗），它需要"公平"和"有序"两种力量的共同培育。

"公平"方面，要符合熵定律趋势进行师资力量的削峰填谷，也就是俗称的"掐尖"（截除顶端优势），尤其是要截除最顶端的优势，促进下面的枝叶生长。

"有序"方面，将优质学校和优秀老师这两个维度区分开，要先对教师身价进行排序，充分尊重和承认优秀教师个人的劳动价值，在待遇方面适当拉开梯度，这样才能实现更高意义上的公平。

综合上述两种思路，在中小学教育资源均衡配置方面，不妨具体分成四个步骤：

第一步，对所有中小学教师进行更加细致的评级，根据某种积分规则算出每位老师的"身价"，以月工资水平参考值来体现（比如有的老师值5 000元，有的值10 000元，具体数值需经细致计算），让这个"身价"反映出师资不均衡的真实情况。

第二步，对名校逐步减少经费投入，比如某所名校中有很多身价很高的资深教师，而经费投入又不足以满足所有人的身价，就会倒逼学校和教师另谋出路。

第三步，给基础薄弱的学校增加专项经费投入，用来引进优秀师资。专项经费分为两个部分，一部分是给流动教师本人的补贴，即考虑教师流动给本人增加的经济和心理成本，在原先身价的基础上可以提供一定的补助，比如原先身价 10 000 元的老师，再加上 1 000 元补助，以此来吸引优秀教师转校。另一部分是对流出学校的补贴，比如参照该教师原先的身价 10 000 元，补贴其原先所在的学校，相当于购买劳动力的价格，有了这种补贴，原先的学校也更愿意允许教师向外流动。

第四步，教师流动应具有长期性，鼓励经常性地流动，因此是一项系统工程。

上述思路对于医疗资源的均衡、医生多点执业等问题也同样适用。

总之，如何处理公平和有序的关系，需要系统性的思维，假如能在这个问题上达成共识，很多改革将得以解锁。只有将个人维度与其他维度分开，充分尊重个人维度中的秩序，才能在更复杂、更高维度的问题上更好地实现公平。

第 **7** 课
CHAPTER SEVEN

多中心的博弈

2014年1月,广州市弃婴岛自启动后不到两个月就宣布暂停试点,原因是接收弃婴的能力已达到极限、福利院的疾病防控风险剧增,而其他一些城市也或多或少存在此类问题。

弃婴岛问题从一开始就存在争议:究竟该不该设置弃婴岛?孩子最应该由谁来抚养?面对弃婴和不负责任的父母,政府又该如何作为?

从大爆炸到社会分工

20世纪七八十年代,暴涨宇宙学诞生了,它修改了大爆炸理论。在《宇宙的结构:空间、时间以及真实性的意义》一书中,布赖恩·格林用很大篇幅介绍了暴涨宇宙学的来龙去脉。相较于大爆炸理论,暴涨理论在宇宙最初时刻插入了一场极短暂的爆炸时期,它以令人难以置信的速度急剧膨胀(在该理论中,宇宙在不到百万亿亿亿分之一秒的时间内,其大小增加了百万亿亿亿倍)不仅如此,暴涨宇宙学还解释了爆炸的起因、条件、宇宙的形状、微波辐射的均匀性、加速膨胀等,也暗示了早期宇宙高度有序的原因。

为验证暴涨理论，美国哈佛－史密森天体物理学中心等机构研究人员利用位于南极的 BICEP2 望远镜，对宇宙大爆炸的"余烬"——微波背景辐射进行观测。微波背景辐射是一种均匀散落在宇宙空间中的微弱电磁波，它如同埋藏在宇宙深处的"化石"，记录着早期宇宙的许多信息。

2014年3月，美国科学家宣布，位于南极的一座望远镜发现了"第一个宇宙暴胀的直接证据"，也就是侦测到约140亿年前大爆炸的回声。

研究人员说，他们意外发现了比"预想的强烈得多"的 B 模式偏振信号，随后经过3年多的分析，排除了其他可能的来源，确认它就是暴涨期间原初引力波穿越宇宙导致的。这意味着宇宙暴涨理论获得迄今最有力的证据，并将帮助人们更详细地了解暴涨的过程。

我们对宇宙的认知仍在不断推进的过程中，但有些情况则已是确定无疑的：在约140亿年前的暴涨之后，宇宙开始了它的膨胀过程。

这意味着什么呢？从一个奇点开始（布赖恩·格林在书中介绍说，按照暴涨宇宙学的计算，这个奇点的空间长度约 10^{-26} 厘米，重量不超过20磅[1]），那是单一中心的，但大爆炸之后就形成了多中心。这种四分五裂的情况，倒是与我们现在常说的"多元化"有着哲学上的相似性。

地球上的生物进化史，明显有着向多元化发展的脉络。所谓从低等生物到高等生物的进化，就是各种功能不断被细分化的过程：从单细胞到多细胞，从海洋走向陆地，从裸子植物到被子植物，从植物到动物，从无性繁殖到有性繁殖，从冷血动物到温血动物……进化树上不断出现新的分支，这是确凿而清晰的脉络。

达尔文对物种进化的解释是：自然选择导致新物种的出现。举例来说，一群白蛾中若掺杂一些体色较暗者，则在灰蒙蒙的天气下较为有利。因为这世界一直在变，所以大自然偏好多样化，这和"不要将所有蛋都放进同一个

---

[1] 1磅 = 0.453 592 4 千克。

这个世界，没那么简单

篮子"是一样的道理。渐渐的，在一个物种中，个体之间的变异会随着时间扩大，以致出现一个跟其他族群迥异的新种，无法再跟原来的物种交配繁殖，新物种就诞生了。

时至今日，作为地球上最高等的生物——人类，不仅只是生物多样性中的一种，而且在自身生理上也有着复杂的功能划分：骨骼系统、肌肉系统、神经系统、内分泌系统、心血管系统、淋巴与免疫系统、呼吸系统、消化系统、泌尿系统、生殖系统……它们形成了一个精密整体，缺了哪一样都不行。

在社会意义上，人们也有了更为细致的分工，这似乎是生产力进步中一条颠扑不破的真理。在这种"分化"背后，似乎和宇宙向四面八方膨胀有着高度相仿的哲学意味。

以上只是常识，但有一层意思常常被忽略了：多元化不仅是必然趋势，而且是有益的。为什么呢？从宇宙来看，正因为它一直在向外膨胀，才抵抗住了由于万有引力而普遍存在的向内塌缩的力，从而维持了宇宙的稳定状态！换言之，如果不是一直在向外膨胀，宇宙就会重新缩成一团，那时候，所有星体挤在一起，不再有各自独立的生存空间。

因此，我们不妨抱着一种开放的心态，拥抱各种多元化的声音，鼓励各种多元化的尝试。

下面我们看看现实生活中的案例。

从2012年9月起，上海市第八中学男子高中基地开了两个男生实验班，这60个男生有着自己的楼层，有着专门配备的师资，还有特别设置的课程，如体育健身、数字达人、野外生存、偶像生成、差异理解等。校长在谈到办男生班初衷时说，原因有3个：

（1）期望通过高中多样化和特色化的办学，以满足社会对高中教育的多元需求。

（2）根据男生的特征，实施扬长补短的高中教育，以充分发掘男生的潜能和促进其个性成长。

（3）为学生提供男生班特殊的学习经历，让他们今后的人生积淀一份成长的财富和养料。

从办学的实际效果来看还是不错的，两个男生班的成绩，物理高于平行班大概十几分，化学高几分，即理科优势较明显，而文科有点参差不齐，但总体来讲都是比较领先的。

那么，这样的男生班是否有推广的必要？这是另一个问题了。正如有教育专家指出："如果我们增加了男校，在混合校和女校之外，给学生提供了更多元的选择……它不在于去推广某一个学校的做法，而在于一个学校结合自己的办学定位、办学条件，然后根据受教育者的需求，去办出自己的特色来。"

的确如此，近些年我们在讨论社会现象的合理性时，往往会陷入一种误区：如果一种新的尝试能够被认为是"好"的，那么它必须具有被推广的可能性，否则就不够"好"。而事实上，正是这种想法束缚了我们改革创新的手脚。一些好的尝试，只要在某些区域获得成功，它就是有价值的，不必非得推广。比如有的学校开设男生班，那也可以有别的学校开办其他各种实验班，形式可以不拘一格。

2014年1月，武汉教育局负责人透露，珠算课将重回小学课堂。武汉的这一做法引起了社会公众的讨论。其实，直到20世纪90年代，珠算还是我国小学数学教学大纲中的一项内容，但在2001年教育部颁发的《义务教育数学课程标准》中被取消了，理由是珠算的计算功能已被计算器代替，取消它可以减轻学生负担。2011年12月，教育部发布了《义务教育语文等学科课程标准（2011年版）》，其中，小学数学课标中增加了一句话，"知道用算盘可以表示多位数"，当时业界议论纷纷，猜测这意味着珠算内容回归小学教材了。2013年12月，珠算正式被联合国教科文组织列入人类非物质文化遗产名录，这为武汉珠算教育回归课堂提供了更实际的理由。

这个世界，没那么简单

对武汉珠算回归课堂，支持者认为了解珠算是中国文化的一部分，而且大家逐渐发现珠算不仅是一种计算工具，更是一种开发小学生思维的方式。而反对者则认为，珠算的确是个好东西，但并不是所有好东西都要进课堂，一些人的怀旧情绪可以理解，但不能要求所有学生都跟着怀旧。应该说，支持者、反对者的观点都有道理。

总的来说，当面对有争议的事物时，不妨先在"陀螺"中给它确定大概的位置，处在上半部分的基本是值得鼓励的，处在下半部分的则是应当抑制的。对于珠算而言，即便没那么实用，总还是属于"陀螺"的上半部分，有人学习总比没人学习更合理。

至于谁来做这件事？不妨把问题交给"多元化"，有些地方可以开设珠算课，有些地方可以不开，有些地方可以开设其他课程，给不同地区和不同学校赋予一定程度的自由选择权。既然武汉市选择开设，这并非全国的一刀切，就仍是值得鼓励的，不必扼杀这种积极的尝试；在其他一些地方，也可采用选修的形式，由每个学校、甚至每个学生来自主决定是否学习这样的课程；或者从程度上进行控制，比如武汉的做法是对珠算课程既不考试，也不留作业，算盘对孩子们而言更像是一种玩具，也就谈不上什么课业负担了。

在上述两个案例（男生班和珠算课）中，我们还看到了"规定动作"和"自选动作"这种思路的意义，学校当然要完成相应阶段教育的基本目标，但如果在"规定动作"的基础上还能增加"自选动作"，就会使学生的知识面更广，更具竞争优势。这其实只是社会分工的体现罢了，它是推动人类向前发展的重要原因。

总之，多元化是一种有益的趋向，也是必然的趋向，所以不必由于多元化声音的存在而感到恐慌。即便在号称"解构""碎片""去中心化"的后现代，多元化也不过是宇宙整体秩序的一部分罢了。

宇宙超球体和后现代

宇宙膨胀，是否会导致其四分五裂？至少在宇宙诞生的 140 亿年来还没有。原因是什么呢？因为有万有引力存在。

幸亏有万有引力存在，才像无形之绳一样拴住了彼此，不会使各星体彻底分道扬镳，不会使星球独自滑入漆黑的宇宙深处。这种维系彼此关联的万有引力，也可以理解为"凝聚力"，它不仅无处不在，而且作用程很长，即在很远距离之外也能发挥作用，所以才被称为"万有"引力。

宇宙在膨胀，又没有四分五裂，那么它的形状是什么样的呢？像吹气球一样吗？没那么简单。气球只是由二维表面包裹成的三维球体，而宇宙呢？按照爱因斯坦的描述，宇宙是一个"超球体"。

什么是"超球体"呢？大家都知道，"球体"是三维立体的，而"超球体"则是四维的。

在《西方文化中的数学》（*Mathematics in Western Culture*）一书中，作者莫里斯·克莱因（Morris Kline）用数学方程来表示不同维度的几何体，"$x^2+y^2=25$"表示"圆形"（二维），"$x^2+y^2+z^2=25$"表示"球体"（三维），而"$x^2+y^2+z^2+w^2=25$"则表示"超球体"（四维）。

四维的"超球体"长成什么样子？没有人知道，它超出了地球人的空间想象范围。还记得本书第一课的超正方体组图吗？一个不知哪是里、哪是外的"超正方体"，着实让人费解，"超球体"恐怕也是这样的。爱因斯坦用一句话来描述它：有限大但是无边界。

什么叫"有限大但是无边界"？爱因斯坦认为：既然物质会使空间弯曲，那么所有星系的总质量有可能大到足以使空间本身弯曲起来，产生一个封闭的四维球形宇宙；位于其中任何一点的观察者往四面八方看时，都会看到许多星系散布在无止境的太空中,因此确认空间是没有边界的。

想象一下,假如有足够的时间,一位探险家可以走遍所有星系,他并不会在某颗星球上看到其他所有星星只在他的同一侧,另一侧完全没有,以至于让他感到这颗星球处在宇宙边缘,这种情况永远不会发生,所以在宇宙中是找不到"边界"的。

这就好像在二维的地球表面,人们可以在地球上到处流浪,而不必担心会从地球边缘掉出去,因为地球表面也是没有"边界"的,但是这个没有边界的地球,它依然"有限大"。同样,四维封闭宇宙也是类似的"有限大但是无边界",只是再多一个维度罢了。

爱因斯坦描述的超球体非常有意思,"位于其中任何一点的观察者往四面八方看时,都会看到许多星系散布在无止境的太空中",这就意味着"任何一个天体似乎都处于中心的位置上"。

那么,人类社会又是什么样子呢?

很多人都知道一个著名的"六档距离理论"(也叫"六度空间理论"),说的是这个世界上的任何一个人和任意一个离他最远的人的距离,最多也不超过六档。

约翰·古阿尔(John Guare)写于1990年的话剧《六档距离》更将其推广到了全世界。剧中人物巫依萨这样说道:

在这个星球上,每个人同别人都只隔开六个人。这就是说只有六档远。这就是咱们和这颗星球上所有其他人之间的距离。美国总统也好,意大利水城威尼斯划旅游小船的水手也好,在雨林中生活的土人也好,火地岛的居民也好,因纽特人也好……这真是个深刻的观点——每个人都是一扇新门,向着别人的世界打开。

这是一幅多么奇妙的景象:每个人都可以自己为中心,通过六档距离串联起世界上所有的人,每个人都是整个人类社会的中心!

现在再来看所谓的"后现代",其实不过是超球体多中心的某种表达罢了。后现代(也称后现代主义)是20世纪60年代以来在西方出现的具有反西方近现代体系哲学倾向的思潮,要为它进行精确定义是无法完成的,因为后现代本身反对主流方案、反对单一以理性为中心、反对二元对立、反对以特定方式来继承固有或者既定的理念……其中尤以法国的雅克·德里达(Jacques Derrida)的"解构主义"最有代表性,它设定了相对主义,不是不讲道德,而是反对统一道德;不是否认真理,而是设定有许多真理的可能性,从个人的角度、情境的、文化的、政治的,甚至是性的角度给出不同答案。与此同时,后现代也反对连贯的、权威的、确定的解释。

如果从宇宙超球体的视角来看,那么宇宙完全允许多中心的存在,但如果我们能站在更高维度去观察的话,它依然具有整体性。后现代号称要解构秩序,但是,说解构就真的能完全解构吗?它不过像孙猴子一样,自认为一个筋斗云十万八千里,可最终仍逃不出如来佛的手掌心。

从理论回到现实,来看看宇宙超球体带给我们的现实意义。

"每个人都是中心",或者"没有谁处在世界的边缘",可以表达成其他更为熟悉的形式,比如"绝对的权力导致绝对的腐败",即每个人都不能成为绝对的边缘,都需要在某种程度上受到监督和制约,才不会出纰漏。

近些年来,监控探头正逐渐被应用于更多公共场所,但围绕其进行的争论也从未停息,尤其在2012年10月浙江温岭幼儿园虐童事件,以及2014年3月起陆续爆出的陕西省西安市、吉林省吉林市、湖北省宜昌市等多家幼儿园喂服"病毒灵"事件之后,公众一再热议是否应在幼儿园教室内安装摄像头,但仍有很多人反对。尽管确有诸多细节有待探讨,但有一点应当形成共识:任何一个系统都要有监督者,而幼儿园教师在教室中拥有绝对的权力,这是不合乎秩序的。为什么这类探讨没有首先针对大学教室?因为大学生是成年人,可以对老师进行某种评价,如此就起到了类似监督的作用。因而，有探头并能将视频实时传到网上，有助于家长的监督，这是多中心的体现。当然，如果担心信息泄露，可以设定只有家长、管理者等才能获得监督权限。

宇宙多中心原理也与我们常说的多元化密切相关。

2013年5月，安徽省规定公办学校在有剩余学位的情况下，可接收不满6周岁的儿童。此前，按照《中华人民共和国义务教育法》，凡年满六周岁的儿童，其父母或者其他法定监护人应当送其入学接受并完成义务教育；条件不具备的地区的儿童，可以推迟到7周岁。安徽的这一规定在6岁半和5岁半之间作了些通融。应该说，随着社会的发展，孩子的成长速度也形成了个体差异，安徽的这一政策调整符合多元化发展的方向，既给家长多一种选择，也给孩子多一种选择，不失为一项人性化的政策（这个问题并不等同于"18周岁成年"的一刀切，因为"成年"只是一种法律地位的确立，而教育则需同时考虑年龄和心智状态等）。

另一个与教育多元化有关的案例是：2013年11月，湖南长沙的王先生准备给14岁的儿子小聪（化名）报名高考，没想到却吃了闭门羹，因为小聪初二时就退学在家，只是靠自学在一年多的时间完成了高中课程。而关于高考的报名条件，教育部明确规定需满足高中毕业或具有同等学力，但很多省份没有统一的同等学力认定考核办法，通常的做法要么学校开具证明，要么按照其入学时间开始计算满12年（比如初中毕业后退学的，高考时是否达到十六七岁），于是像小聪这种年龄小的考生报名参加高考，就被拦在了门外。

高考报名是否应设置这样的门槛呢？这里面存在争议，有学者认为从扩大受教育权的角度来说不应该设定学籍报名这种门槛，但也有人认为设定此类门槛很有必要，否则会引发一些问题。比如，很多高一高二学生都会自愿地或被学校组织来参加高考，而不考虑是否能被录取，这样会拉高录取分数线，对真正想要上大学的学生是一种冲击等。另有专家则认为，这只是个案，不具备普遍讨论意义，但应该给孩子一个机会，搞个特批；中国教育也可以做个尝试，看看初中就退学的孩子高考能考成什么样。

该事件经媒体报道后引发了关注，小聪的父亲王先生按照省教育考试院普招处的要求写了申请材料，说明孩子在校学习经历、自学经历等，取得了当地教育主管部门的学历认证，获批参加2014年高考，这是上级部门作为特殊情况处理的结果。

在这个案例中，我们看到了多元化的另一种表现形式，即"特事特办"。的确，在某些情况下，个案是存在的，所谓"具体问题具体分析"，要允许特事特办的存在，这是多元化向更极致延伸的体现。只不过，"特事特办"有它的适用特征，应该是位于"陀螺"的上半部分，是向上的、阳光的、值得鼓励的事物，而非违反法治精神的姑息迁就。

总之，今天的社会中无论存在多少形形色色，甚至稀奇古怪的现象，我们都不必认为主流价值观已崩溃了，因为"超球体"的特性，在更高维度看来，世界自古就是一个复杂而统一的整体。

现在，问题又出现了："多元化"是客观存在的，"整体性"也是客观存在的，这两种看似相互矛盾的状态，究竟哪个占主导地位呢？

从高维来看，它们仍然不矛盾。为什么呢？宇宙形成时有一个细节非常有意思，即"大爆炸从何而来"，这也是暴涨宇宙学对大爆炸理论所作修改的重要内容之一。

想象宇宙诞生之前那个奇点是一个密闭的盒子，其中满是剧烈碰撞的量子。这个盒子密封得很好，绝对不会散发热量或能量；但整个盒子又很柔软，它的盒壁甚至可以向外移动。量子们就像顽皮的孩子一样不停地撞向盒壁，这样一来盒子就会慢慢膨胀。量子在每次撞击盒壁的过程中都会消耗能量，这些能量大部分转化成了盒壁的向外移动，少部分被盒壁吸收了。与此同时，盒子内部存在着巨大的相互引力，就像用大量的橡胶带将相对的两面盒壁钩住那样。于是，随着盒子的膨胀，橡胶带越拉越紧，蕴藏在橡胶带中的能量也越来越多……当超过了某个阈值后，橡胶带向外的拉力就在瞬间制造了一场极为猛烈的大爆炸。换言之，造成大爆炸（斥力）的原因，恰恰是万有引力（凝聚力）自身！

这是宇宙在高维融合的又一典型例证！向外膨胀和向内凝聚同时存在、互相博弈，在动态中保持着平衡。或许"多元化"和"整体性"的关系也是如此。"多元化"是"整体性"造就的，反过来也对"整体性"提出了更高的要求。

讲得通俗一些，对于一个社会而言，越是价值观四分五裂的时候，越需要更强的凝聚力，否则就会因彻底分崩离析而毁灭；反过来，无论社会多么具有整体性，也必然要求有一定的相互斥力存在；无论主流价值观多么强大，都应该允许不同的声音存在，否则整个社会或将因塌缩而毁灭。

程序性死亡与联结

在大爆炸后的几分钟内，原初气体均匀地分布在年轻的宇宙中。当然，总有那么一些细微的不均匀存在。按照布赖恩·格林的说法，这种不均匀源于之前那个长 10^{-26} 厘米、重不超过 20 磅"家底"中的量子涨落，随着极短时间内的急速暴涨，将这细微的不均衡带到了宇宙空间。

引力渐渐发挥作用，这是一种无所不在的吸引力，即每一部分的气体对其他部分的气体有吸引力。如果有很大质量的气体，就会使气体聚集成团，像蜡纸上的水渐渐凝结成小水滴那样。于是，早期宇宙中的气体朝着这种状态演化，逐渐由均匀分布转变为团状结构，各种星体也就随之形成了（见图7-1）。

图7-1 大爆炸的初期

换言之，星体的形成，是早期大爆炸的气体相互联结的结果。由于互相联结，便诞生了一个一个新的"中心"，比如各种星系、恒星或行星。而整个宇宙中也有着1 000多亿个星系，它们都在不断向外界发出某种相互联结的信息，除了引力之外，无线电波、远红外线、可见光线、紫外线、X射线、τ射线等都可被视为不同的联结形式。

很多人认为，人类大脑和宇宙之间或许有某种神秘的关联。一个成年人的大脑中约有140亿~160亿个神经细胞（又称神经元），小脑中则有1 000多亿个神经细胞，比大脑皮层还要多很多。有趣的是，人脑中的神经元形态各异，有球形、卵形、星形、纺锤形等各种各样的形状。无论形状如何，它们看似是彼此独立的，却也不断地相互传递信息。图7-2是《完全图解人脑使用手册》（丁童编著）一书中给出的典型神经元图示。

在这个神经元中，有细胞核、细胞体、树突、轴突等。其中，树突和轴突对于信息传递有着重要作用。轴突只有一个，是较长的触手，粗细均一，表面光滑，分枝较少，用来向其他神经细胞传达信息。树突有很多，是一些短小突起的触手，因为像带枝的树木，所以叫作树突，用来接收从其他神经细胞传送过来的信息。大脑细胞中树突和轴突的数量之多，简直令人难以想象。如果把所有细胞的树突轴突连接起来，据说相当于从地球到月球距离的4倍。

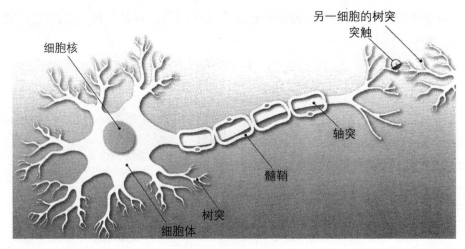

图 7-2 典型神经元

两个神经元之间如何相互传递信息呢？它们的轴突和树突末梢相互靠近，这些相互靠近的接触点叫作突触，在此释放化学递质，并完成信息传递。据说一个神经细胞上有 100 个到 10 万个突触（平均 1 万个左右），可以说神经细胞是被突触包围的。

由此，我们可以看到神经元之间的相互连接和信息传递至关重要，而且这直接影响到人的智力开发。

其实，在胎儿时期，大脑神经元急剧地进行细胞分裂，数量会不断增加。大约在胎儿 9 个月的时候停止分裂，数量达到峰值，此时他具有比成人还要多的神经元。但是，之后好不容易分裂出来的神经细胞约有一半会死亡。哪些会死亡呢？这取决于神经细胞之间相互连接的情况，没有连接对象的细胞就会死亡。正因为神经细胞事先已经被决定了数量会减半，所以这个过程叫做"程序性死亡"，该过程会一直持续到婴儿出生。

至于突触的数量，则是从出生后 8 个月到 1 岁时最多。人的神经发育一般在 6 岁前完成，所以，在 6 岁之前给孩子较多的刺激能使他们发育出更多的神经凸起及突触。一般来说，突触越多，人的反应越快，因此在刺激丰富的环境下生活的孩子，往往会更聪明，反应更灵敏。任何声音、景物、身体活动，只要是新的（第一次），都会使脑中某些神经元的树突和轴突生长，与其他神经元连接，构成新的网络，而新网络也只会在有新刺激的情况下产生。

一个人一生之中不断有新的网络产生，同时有旧的网络萎缩、消失。一个已有网络，对同样的刺激会特别敏感，每次都会比前一次启动得更快、更有力。多次之后，这个网络便会深刻到成为习惯或本能，这便是学习和记忆的成因。当然，没有建筑出来的网络是不存在的，也不能被启动。这就是说，如果一个人有 5 个不同的网络，就只能启动这 5 个网络，思想和行为的反应亦只能在这 5 个选择中进行。大脑中所谓的"网状组织"，就是通过突触连接神经细胞的方式，被认为和胎儿出生之后的生活环境有关，与指纹一样因人而异。人类的网状组织在 3 岁左右的时候被制作完成，所以这段时间的生活环境如何，将影响到未来大脑的功能。换句话说，每个人大脑中网状组织的构成方式都完全不一样。

在上面关于人脑神经元发育的介绍中，有两个值得注意的关键词：程序性死亡和联结。

"程序性死亡"是一个关键词：先前造出来的比后来实际需要的多，然后神经元之间相互较量，生命力更强者得以生存下来，其余就被淘汰了。这似乎是一条普遍规律。

人的存活本来就是个奇迹：在数以亿计的精子中，只有一个能与卵子结合形成受精卵，怀孕初期的妊娠反应就是母体对它的天然抗拒，只有足够健康的胎儿才能继续存活，然后还要经历一系列风险才能出生，之后再一路磕磕绊绊地长大成人，到社会中竞争博弈，经历生老病死……又有多少人能颐养天年？难怪老子说过一句让人极不舒服的话："天地不仁，以万物为刍狗。"其实，这是一句大实话。

"程序性死亡"是一种躲不开的规律,无论对于宇宙中天体的形成,对于人脑神经元的存活,还是对于个人的生存来说,都是如此。有统计数据表明,人类社会中总会存在一定程度的自杀率、谋杀率或者别的犯罪率,而且几乎是逐年不变的,这种令人失望的数据似乎意味着,总会有人选择自杀来结束自己的生命,而这或许是程序性死亡机制的筛选结果。至于谁会成为自杀者,这只能由他本人做出选择。面对自杀者,我们一方面要反思外界是否存在某些不利的影响,但另一方面也要看到其自身生存意志的缺失。

经历程序性死亡之后存活的标志,除了一个人的出生之外,还有法律意义上的确认,即把年满18周岁作为"成人"的标志,从此便具有了"完全民事行为能力"。在此之前,一个未成年的孩子需要有法定监护人。根据我国《民法通则》,不满10周岁的未成年人是无民事行为能力人,由他的法定代理人代理民事活动;10周岁以上的未成年人是限制民事行为能力人,可以进行与他的年龄、智力相适应的民事活动,其他民事活动由他的法定代理人代理,或者征得他的法定代理人的同意。限制民事行为能力或无民事行为能力,就好像宇宙中一团气体"尚未成形"的状况。

2013年7月,一张图片触痛了公众的神经:一个4岁的小女孩赤身裸体在街上乞讨,而且还抽着烟。后来,人们得知她的父亲可能是智障。

那么,是否能撤销这位父亲的监护权呢?有律师在媒体采访时道出了这个事件的纠结之处:"如果单纯因为父母是智障,以及经济条件问题,来撤销父母的监护人资格显然是不合适的。撤销父母的监护人资格的前提应该是父母侵害孩子权益。比如,不履行监护职责,或者有严重的家庭暴力。"

由于这个案例比较特别,所以对该案例的分析有助于我们厘清此类问题的关系:

第一,多中心的结构意味着父母应当首先承担起抚养孩子的责任,能交给家庭的就不要推给社会。这位父亲毕竟有抚养意愿,也并未完全丧失抚养能力，所以不应剥夺他的抚养权。

第二，所谓"每个人都是中心"，是指具有完全行为能力的成年人，至于无民事行为能力的人（10周岁以下的未成年人）、限制民事行为能力的人（包括10周岁以上的未成年人、不能完全辨认自己行为的精神病人），他们还不能作为一个完全独立且有担当的个体。至于这位父亲是否属于智障，这需要专业机构的鉴定；如果是，那么也应当引入其他法定代理人为其提供监护和保障。

第三，针对此类弱势群体，政府和社会应提供另外的保障线，使其能够正常生活，接受应有的教育。

继续回到与大脑神经元有关的话题，另有一个关键词值得再次引起注意，仍是"联结"。人类向来崇拜和赞美具有强大生命力的个体，而能与外界有足够的联结能力，更有利于存活，也是生命力的体现。

2014年5月，广西电视台报道了一个14岁男孩杨六斤的故事，引起了社会各界的广泛关注。杨六斤是广西隆林各族自治县德峨镇人，6岁时父亲去世，母亲改嫁时将杨六斤寄放在爷爷奶奶那里，后来爷爷奶奶相续去世，杨六斤只能独自居住在亲戚提供的空房子里，每天自己拔野菜吃。为了补充营养，他自制捕鱼器到小溪边捕小鱼，或者上树掏鸟蛋作为自己的肉菜。尽管生活如此艰辛，但人们却在报道中看到了这个孩子的乐观和顽强，于是有很多人表示想收养他，或者希望帮助他。杨六斤的故事，让我们看到了一种顽强求生的生命力，这正是向外联结求生的力量。

前文曾经提到，联结是走向强大的力量，联结也代表正规则的方向，现在联结又多了一层含义：追溯到每个中心形成并确立之初，联结就已经开始发挥作用——联结有助于鼓励多中心的形成和发展。

国家近年来的很多政策，都潜藏着鼓励多中心发展的思路，从2007年10月起施行的《物权法》，到2013年1月中央一号文件的农村土地确权工作，再到2014年4月为进一步扶持小微企业而扩大减半征税范围等，都可以被形象化地视为鼓励和推动"多中心"形成的举措。如果再往前倒推,中共十一届三中全会之后的农村家庭联产承包责任制,同样也是对于多中心(而非同一中心)的确认,于是极大地提高了农民劳动生产的积极性。好的政策,往往是顺应历史发展趋向的政策,而历史正是向着多中心方向发展的。因此,要从政策上给各个中心一定的生长空间,这种来自外部环境的鼓励和推动将成为十分重要的联结力量。

在上述理念的基础上,我们再来探讨近几年引起很大争议的弃婴岛问题。

2011年6月,中国第一个弃婴岛在河北省石家庄市社会福利院设立。弃婴岛,也叫婴儿安全岛,通常设在儿童福利机构门口,内设婴儿保温箱、延时报警装置、空调和儿童床等。岛内接收婴儿后,延时报警装置会在5至10分钟后提醒福利院工作人员将其转入医院救治或转入福利院内安置。2013年7月,民政部在总结地方经验的基础上,要求各地根据实际情况开展弃婴岛试点工作,其他省区市也陆续跟进,现已建成数十个弃婴岛并投入使用。

不过,弃婴岛的设立一直伴随着很多争议,赞同者认为设立弃婴岛,提高了弃婴的存活率,保障了弃婴的生命安全,体现了社会进步;质疑者则认为,设立弃婴岛是对遗弃行为的变相纵容和鼓励,与法律禁止弃婴的要求不一致。在实际运行过程中,婴儿岛也遭遇诸多现实尴尬。比如广州市弃婴岛自2014年1月底启动后不到两个月就宣布暂停试点,原因是接收弃婴的能力已达到极限、福利院之内疾病防控风险剧增,而其他一些城市也或多或少存在此类问题。

那么,弃婴岛究竟该不该设置?要回答这一问题,必须先把这团乱麻中的几个维度分开对待。

第一,孩子最应该由谁来抚养?按照宇宙"超球体"及复杂性系统的"多中心"原则来看,显然是孩子的父母;同时,根据万有引力"距离越近,吸引力越大"的原理,依然是父母。这意味着每个家庭要首先对自己的孩子承担责任。那么，这是常识吗？在两千多年前的古希腊，柏拉图曾在《理想国》中提出过设想，男人不能和女人组成"一夫一妻"制的小家庭，而是让女人成为属于男人的公共产品。同样，儿童也都公有，由国家来抚养，父母不知道谁是自己的子女，子女也不知道谁是自己的父母。而现代人都知道，柏拉图的这种设想完全不靠谱，它不仅不符合人性，也违背了多中心的结构。父母是最有效、最优先的那个维度，即父母应在抚养孩子问题上承担"龙头"的责任，这种观念应该进一步明确，不能模棱两可。

第二，维度越多，越有保障，婴儿的父母绝非抚养孩子的唯一维度，其他亲属、学校、社会、政府等也都应共同承担责任。如果弃婴真的被遗弃在街角或垃圾箱，只能说明所有维度统统失效，把政府的失职也暴露在了社会面前。因此，政府该做的依然必须做。那些想要抛弃婴儿的父母，在某种程度上就像不能完全承担行为能力的未成年人一样，政府作为"监护人"，至少要提供一个可靠的维度。只不过，正如家长要培养孩子的独立性一样，政府应鼓励并辅助每个婴儿的父母来承担责任。总体来看，政府虽不是优先维度、不能首当其冲，但在优先维度失效时必须兜底，因而安全岛依然有设置的必要。

第三，越困难的问题，越有必要引入更多力量。统计发现，弃婴绝大多数患有疾病，其中脑瘫、唐氏综合征、先天心脏病居前三位。这说明婴儿父母无故抛弃婴儿的情况非常少，这种血脉亲情上的维度总体依然是有效的，这也从侧面印证了父母作为"龙头老大"的地位是合理的。对于已经出生的、患有严重疾病婴儿的家庭来说，现实太残酷了，甚至是难以承受之重，这时候就需要更多维度提供保障。所以很多专家建议，要提供更好的经济和医疗保障救助，如专门针对先天患有重症的婴儿家庭以及经济困难的新生儿家庭，在原有的低保、大病医疗保险等的基础上，再增加儿童大病医疗保险、重残儿童津贴等。

第四，着眼长远，从时间上的大格局来预防残障新生儿出生。预防要采用多种方式，同样是维度越多，越有保障。通常有三道防线，一是婚前检查，二是孕期检查，三是新生儿筛查。不过，自从 2003 年 10 月取消强制婚检后，婚检这道防线大大减弱。以能够查到资料的厦门市为例，2004 年厦门全市有 2 万多对新人走进了婚姻殿堂，他们中只有 500 多对新人自愿进行了婚检，婚检率仅有 2.49%，媒体报道称全国情况也大体如此。我们暂不讨论是否有必要恢复强制婚检，但有一点则是确定的，即如果能够实行免费检查，无疑将有助于提高婚检率、加强第一道防线。把时间再向前扩展，增强优生观念的宣传也有助于减少病残婴儿的出生。

第五，靠谱的维度至少要有一个。在目前的社会条件下，弃婴岛既然有设置的必要，就应该坚持下去。针对广州等城市的婴儿安全岛暂停的情况，应从财政上进一步给予支持，建立孤残儿童的弃育基金，扩充福利院规模，拓展社会化救助渠道。

第六，从法律上说，婴儿父母把孩子扔到弃婴岛，涉嫌违反"遗弃婴儿罪"。期待随着信息化技术的进步，将来每个新生儿都能采集 DNA 数据，既能防范新生儿父母遗弃婴儿的行为，又能有效遏制拐骗婴儿犯罪。这种 DNA 数据采集手段若真正做到一刀切，将会为日后"弃婴岛设置与否"问题进一步解锁。而且，每个公民的 DNA 数据库将构筑起一道坚固的防线，为将来的社会治理打下非常良好的基础。

总之，在婴儿安全岛的问题上，总的思路是尽量让婴儿回到每个家庭，为此政府和社会应尽可能地提供帮助。这个世界是多中心的，而每一个中心就相当于一个维度，它们能否生存并发挥应有作用，在整体效果方面至关重要。

为了多中心格局的形成，既需要每个中心的自我生长与向外联结，也需要来自外部环境的鼓励与确认。联结 or 程序性死亡，正如《哈姆雷特》中那句"生存，还是毁灭"一样，是摆在每个社会成员以及整个社会面前的大命题。

拉格朗日点的平衡

每个人都在谋求生存，每个中心都在争夺资源，这必然会使不同力量间产生博弈。那么，在力量的相互博弈和拉扯中，怎样实现平衡呢？

在数学上，此类博弈问题是可以清晰求解的。

比如，三个乡村 A、B、C 要合办一所公共小学，它们各有 50、70、90 个孩子，要使所有小孩耗费在上学路上的时间总和最小，这所小学应建在什么地方？

为了解决这一问题，我们把三个乡村间的距离按一定比例缩小到桌面沙盘上，在对应于乡村 A、B、C 的地方打三个光滑的洞，并通过这些洞垂下三条细绳，它们的一端系在一起，另一端各悬挂上 50、70、90 个单位重量的小重物，当系统达到平衡时，绳结所在的点就是学校的最佳位置（见图 7-3）。

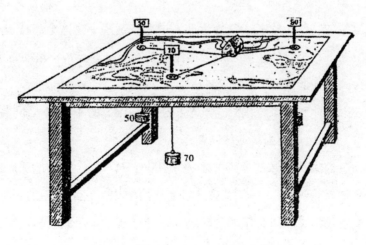

图 7-3　三个村的公共小学位置

这个世界，没那么简单

这是《最小作用量原理与物理学的发展》[1]一书中提到的案例，它给我们寻求"最优设计"提供了一种生动形象的启发。当然，这只是一个很简单例子。

在宇宙中，这种力量的博弈和平衡可以相当精确，比如拉格朗日点的存在，它的发现过程和实际应用都富有趣味。

1906年，德国天文学家马克思·沃尔夫（Max Wolf）发现了一颗奇异的小行星，它的轨道与木星相同，而不在通常所说火星轨道与木星轨道之间的小行星带里。最奇妙的是，它的绕日运动周期与木星相同。从太阳看去，它总是在木星之前60°运转，不会与木星贴近。这颗小行星被命名为"阿基里斯"，也就是荷马史诗《伊里亚特》所描述的特洛伊战争中那个希腊英雄的名字。

瑞典天文学家卡尔·沙利叶（Carl Wihelm Ludwig Charlier）敏感地意识到，小行星"阿基里斯"很可能是法国数学家约瑟夫·拉格朗日（Joseph-Louis Lagrange）"三体问题"的一个特例。什么是"三体问题"呢？就是研究诸如"太阳－地球"或"地球－月球"或"太阳－木星"这些天体系统，如果有小质量的物体（第三个物体）加入进来，这些小物体会怎样运动？在什么样的情况下，小物体相对于两大物体会基本保持静止？拉格朗日于1772年推导并得到了5个特解（见图7-4）。

在"太阳－地球"系统中，这五个拉格朗日点上的小物体（质量小到可忽略不计），其轨道周期都与地球周期完全一致！

不过，它们周期一致的原因并不完全相同，L_1、L_2、L_3与地球周期一致的原因是：通常情况下，一个围绕太阳旋转的物体，它距太阳的距离越近，其轨道周期就越短（所以金星的公转周期比地球短，水星的公转周期又比金星短）。但是这忽略了地球万有引力对这个小物体施加的影响。如果考虑到

---

[1] 许良，最小作用量原理与物理学的发展. 成都：四川教育出版社，2001.

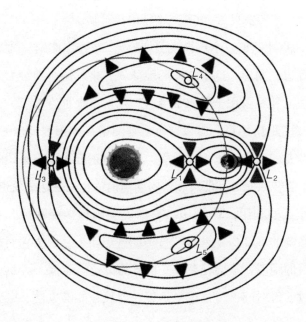

图 7-4 拉格朗日点

地球拉力,那么就会加快或者减慢其周期。于是,在太阳和地球的相互作用下,这三个点上的小质量物体周期正好与地球周期保持一致。

L_1、L_2、L_3 这三个点各有各的用途:L_1 比地球更靠近太阳,这个点上放置了美国国家航天局(NASA)的太阳及日光层探测仪;L_2 通常用于放置空间天文台,因为这里的物体可以背向太阳和地球,易于保护和校准(所以接替哈勃空间望远镜的韦伯太空望远镜将会被安置在这个点上,而哈勃空间望远镜则是绕着地球公转的);L_3 处在与地球相反的位置上,一些科幻小说和漫画经常会在 L_3 点描绘出一个"反地球"。

L_4 和 L_5 则更有意思,它们也被称为"特洛伊点"。在前面提到的"阿基里斯"小行星被发现之后,天文学家很快就在木星之后 60° 的位置上,也发现了小行星。迄今为止,在木星前后这两个拉格朗日点上已找到 700 颗小行星。它们都以特洛伊战争中的英雄命名,且拥有一个"集体的"称号:特罗央群小行星。这个"特罗央",也就是"特洛伊"城。

L_4和L_5这两点比起前三个点来说更加稳定,只要小物体、地球与太阳这三者形成一个等边三角形,这小物体和地球就会永远同步地绕太阳旋转,它们永远不会相撞。其原因在于形成了等边三角形,根据万有引力公式,既然它到太阳和地球的距离相等,那么它所受到的来自太阳和地球的引力之比,也就恰好等于两者的质量之比,因而引力的合力正好指向该系统的质心,合力大小又提供了公转向心力,使其旋转周期与地球相同并达成轨道平衡。

关于这两个点的利用,早在1974年时,美国科学家就指出未来的空间城可建在地月系统的L_4、L_5这两个"拉格朗日点"上,因为它们永远与地球和月球保持相等的距离,不会轻易改变自己的位置。而且,从L_4、L_5到地球十分便捷,不过5天时间;与月球更是近在咫尺,能够方便、充分地利用月球资源。

法国空间研究中心的天文学家则提出一个更新颖的设想,使拉格朗日点将来可能获得新的用途:用作拦截危险小行星的布防点。如能捕获一些中等体积的"天体",把它们"部署"到"太阳－地球"体系的5个拉格朗日点中的一个。发现对地球有危险的小行星以后,人们可以调用这些"天体"去拦截危险小行星。

另外,由"拉格朗日点"连结而成的太空高速公路也为航天员进行星际旅行打开方便之门。美国航宇局2002公布了一张由科学家精心设计的"太空高速公路路线图":这条"太空高速公路"呈螺旋形状,正是按照"拉格朗日点"的分布轨道在行星之间连接而成的,宇宙飞船沿此路线行驶时所受的引力基本能够相互抵消,所以几乎不需要耗费多少能源就能够畅游太空,而且还可以大大缩短飞行时间。2011年8月,中国的"嫦娥二号"卫星在世界上首次实现从月球轨道出发,受控准确进入距离地球约150万千米远的拉格朗日L_2点的环绕轨道。

拉格朗日点所蕴含的优美秩序让我不禁联想起"法律、伦理、道德"之间的关系。多数人习惯上认为"伦理"和"道德"是一回事，但在伦理学家看来，这是两个不同的范畴，也有着显著的区别："伦理"侧重于反映人伦关系以及维持人伦关系所必须遵循的规则，"道德"侧重于反映道德活动或道德活动主体自身行为的应当；"伦理"是客观法，是他律的，"道德"是主观法，是自律的。

我认为，我们不妨把"法律、伦理、道德"比作拉格朗日点中所体现的关系："法律"就像太阳，"伦理"就像地球，而"道德"就像那个小物体，代表我们个人的行为，即当遇到法律和伦理的冲突时，如果做出的抉择能实现结果最优、代价最小，那么该抉择就是最合乎道德的。

以这样的类比来探讨"亲亲相隐"问题，就会发现这种"法律、伦理、道德"博弈关系的合理性。亲亲相隐指的是"亲属之间可以相互隐匿犯罪行为，不予告发或作证"，这是我国古代法律的一项基本原则。回顾历史，"亲亲相隐"可谓一直在波折中前进。早在春秋时期就出现了这种观念的萌芽，《论语·子路》中记载孔子提出"父为子隐，子为父隐，直在其中矣"，但是也有以商鞅、韩非子为代表的法家持反对意见，所以在历史上这是一个争论不休的话题。1935年颁布、1945年修订的《中华民国刑事诉讼法》第167条仍规定了亲属有拒绝作证的权利，1949年以后新中国法律相继出台后，亲亲相隐这一古老制度消失在法律条文中。直到2012年3月第十一届全国人民代表大会第五次会议通过了《关于修改〈中华人民共和国刑事诉讼法〉的决定》，新增第188条规定："经人民法院通知，证人没有正当理由不出庭作证的，人民法院可以强制其到庭，但是被告人的配偶、父母、子女除外。"可以说，这是"亲亲相隐"在一定程度上的回归。

那么，如果我们个人真的遇到了法律和伦理的博弈，那么怎样才是最合理的？或许就要找到类似"拉格朗日点"的平衡点：当亲属涉嫌违反了法律，假如他（她）平时是个善良而可爱的人，而自己又与他（她）非常亲近，那自然会倾向于不告发、不作证；假如他（她）平时就惹人厌烦，而自己又与他（她）并不亲近，那很有可能会选择大义灭亲，这是人之常情。这一做法的背后似乎潜藏着万有引力公式计算的结果，也很符合拉格朗日点的引力平衡效果。

因而，2012年司法上的相关修改，既是"亲亲相隐"在某种程度上的回归，也是拉格朗日点在人间的又一次被发现。期待当公众的法律意识进一步增强、格局更大之后，法律相关规定可以再向前迈进一步。

值得思考的是，拉格朗日点不仅与亲亲相隐有关，它或许也能为更多饱含争议的事件带来更理性的解决方案。

小蚂蚁的智慧量级

从更宏观的角度看，宇宙也好，人脑也好，人类社会也好，都存在着无数个"中心"，每一个"中心"都在努力求生存。这比只涉及三体问题的"拉格朗日点"更复杂了，不仅在局部有博弈，而且无数的点都在互相博弈，这又将呈现出怎样的景象？

这被称为"复杂性系统"，它是多中心的，以区别于单一中心的"非复杂性系统"。比如一台电脑，无论看起来多么复杂，它只有一个中心，即CPU；而在"复杂性系统"中，则仿佛有无数个相对独立的CPU，各自发挥着作用。

复杂性系统的另一重要特征是具有某种"自组织性"。人脑也是复杂性系统，每个神经元都像一个独立的CPU。大脑中任何一种有意义的思维活动都是与其中一组甚至全体神经元的"协调活动"相联系的，而并不依赖于某个特定的神经元。于是，在全体神经元之间极为复杂的相互协调、博弈和互动之下，整个系统便具有了自组织性，呈现出一种有序的工作状态，甚至能产生新的结构和行为模式。因此，自组织系统也被称为"创造性"系统。

蚁群也属于复杂性系统。大家都知道，一只单个的蚂蚁无足轻重，一旦离群，除了死，别无选择；但作为一个十几万个体组成的蚁群，其表现的行为方式就颇为壮观了。正如美国生物学家刘易斯·托马斯（Lewis Thomas）在《细胞生命的礼赞》（*The Lives of a Cell*）中说："蚂蚁其实不是独立的实体，更像是一个动物身上的一些部件。它们是活动的细胞，通过一个致密的、由千万只蚂蚁组成的结缔组织，在一个由枝状网络形成的母体上循环活动。"

值得注意的是，人的大脑有 10^{11} 数量级的神经元，每只蚂蚁只有 50 万个神经元，拥有 20 万只蚂蚁的蚁群也有 10^{11} 数量级的神经元，与一个人的大脑可以比拟了。研究大脑思维的科学家也经常把单个神经元比作蚂蚁，把大脑比作蚁群。单个神经元是谈不上有什么思维能力的，巨大数量的神经元组织在一起，高智慧的思维就自发地涌现出来了。

更有趣的是，在小蚂蚁的群体中，竟然有着惊人的秩序！

2004 年，日本北海道大学的研究人员公开的一项研究结果显示，并不是每一只蚂蚁都勤快地寻找、搬运食物，它们中有 15%~20% 的偷懒者，整天无所事事、东张西望，被称为"懒蚂蚁"。

当生物学家在这些"懒蚂蚁"身上做上标记，并且断绝蚁群的食物来源时，那些平时工作很勤快的蚂蚁竟然因此一筹莫展，反而是"懒蚂蚁"们挺身而出，带领众蚂蚁向它们早已侦察到的新食物源转移。原来"懒蚂蚁"把大部分时间都花在了"侦察"和"研究"上了。它们能观察到组织的薄弱之处，同时保持对新食物的探索状态，从而保证群体不断有新的食物来源。此现象被称为"懒蚂蚁效应"，对"懒蚂蚁"的重视后来也被借用到企业管理中。

这个有趣的现象告诉我们：小小的蚂蚁也是有社会分工的，这就是复杂性系统中"自组织性"的体现。小蚂蚁中 15%~20% 的懒蚂蚁比例，甚至与

这个世界，没那么简单

帕累托 80/20 法则相吻合！

人类社会当然也是复杂性系统，在某种意义上像是蚂蚁族群的一个"放大版"。正由于"自组织性"是通过"相互协调、博弈和互动"产生的，所以复杂性系统中的任何一个人，都不能够"完全"担当起某种"万能"的使命，当大家的力量集合在一起的时候，就释放出了巨大的能量。

来看看生动的社会实践吧！

2014 年 1 月，江苏省南京市公安局鼓楼分局建立了一个名为"天罗地网抓小偷"的涉案图像协查平台。在这一平台上，警方将"电子眼"捕捉到的身份难以确定的盗窃犯罪嫌疑人的图片和视频展示给公众，让广大网民协助核实其身份并提供破案线索。

该平台上线仅 6 小时就获得第一条有价值的线索；截至运行 100 天时，鼓楼警方通过各类举报线索进行查证，明确犯罪嫌疑人 9 名，破获 12 起案件。而且，通过网上发布涉案图片，成功迫使 1 名犯罪嫌疑人主动向鼓楼警方投案自首。可见这个"天罗地网抓小偷"协查平台能够成为警方打击犯罪、维护人民群众生命财产安全的新武器。

这种探索其实正是"宇宙超球体"的某种体现：每个人都是中心，如果把网民的力量充分发掘出来，将会在维护社会正义方面发掘出巨大潜力。

时下有一句被广为引用的话，就是"把权力关进制度的笼子"，表达了政府约束自身权力的决心。但有时我们会怀疑笼子不结实怎么办？权力究竟会不会从制度的笼子中跑出来？其实不必过于担心，权力即便跑出来也没关系，世界是个多中心的复杂性系统，笼子外面到处都是好猎人，总能把它关进更结实的笼子里。

如果说，20 万只蚂蚁的神经元总数加在一起，可与一个人的大脑相似，那么，十几亿中国人的智慧加在一起，又相当于什么呢？

在混沌中寻找确定性

著名的"蝴蝶效应",有一种颇为浪漫的表述方式:"在巴西一只蝴蝶翅膀的拍打能够在美国德克萨斯州产生一场龙卷风吗?"这句话的原始出处是美国气象学家爱德华·洛伦兹(Edward Norton Lorenz)在1972年于华盛顿召开的一次会议上宣读论文的题目(洛伦兹当时并未对此给出明确答案)。由于"蝴蝶效应"听起来如此具有美感,所以它也就成了"混沌理论"的代名词。

作为气象学家的洛伦兹是如何发现混沌理论的呢?詹姆斯·格雷克的《混沌》(Chaos)一书介绍了这个阴差阳错的发现过程。那是在1961年冬季的一天,洛伦兹通过计算机模拟天气变化的曲线,有一次他手动输入了上一条曲线在中间某个时刻的值,让模拟继续进行。然后他穿过大厅下楼去喝一杯咖啡。一个小时之后他回来时,看到了出乎意料的事:虽然程序完全没有改动,但他发现曲线变化同上一次的模式迅速偏离(见图7-5)。

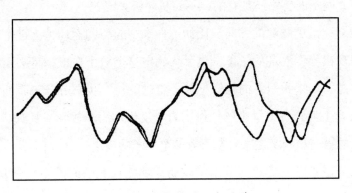

图7-5 洛伦兹的天气曲线

经过分析，洛伦兹意识到问题出在他打进去的那些数字上。在计算机的存储中，每个数保持6位十进制值，例如0.506 127。输出时为了节省空间，只打印三位：0.506。洛伦兹输入的是这较短的经过四舍五入的数字，他假定这千分之一的误差不会有什么影响。然而实际上这点小误差却引起了灾难性的后果。就在这一天，洛伦兹认定长期天气预报注定要失败。

蝴蝶效应后来获得了一个术语：对初始条件的敏感依赖性，正如那首著名的民谣：

钉子缺，蹄铁卸；

蹄铁卸，战马蹶；

战马蹶，骑士绝；

骑士绝，战事折；

战事折，王国灭。

一根钉子的缺失导致了一个王国的覆灭，世事难料！这怎能不让人莫名地产生恐慌？

更令人恐慌的是，蝴蝶效应是否意味着我们今天所做的一切都毫无意义？如若果真如此，我们又该如何面对生活？

其实，确定的事物还是有的，不妨从两极去寻找。

两极之一是更微观的方向。比如一杯水中的布朗运动，无数个粒子互相撞击，呈现出异常混乱的景象，你无法确定这个粒子在下一秒会出现在什么地方。不过，如果我们真的能够把粒子走过的每一步都分开来看的话，那么它依然符合牛顿经典力学中的"作用力与反作用力"规律。比如，图7-6中粒子走出的第一步一定是来自左下方某个粒子的撞击。

与之类似，一只蝴蝶向下扇动翅膀，那么在此瞬间的空气仍是向下的，每一个具体变化步骤都有自身的确定性，只不过随后与其他气流相互作用的结果会越来越不可测而已。

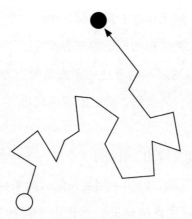

图 7-6　粒子走出的第一步

至于量子世界的"海森堡不确定性",是指因为测量会对粒子产生干扰,所以在同一时刻无法同时精确测量出一个量子的速度和位置。不过,如果只想测得速度,或者只想测得位置,仍是可行的。

向着微观寻找可能带来某种相对的确定性,其现实应用如针对"芙蓉姐姐到底好还是不好"这个问题,仁者见仁,智者见智。但是,如果问得更微观、更具体些,"芙蓉姐姐是否足够自信",那么大家都会说是;或者问"芙蓉姐姐到底是不是美若天仙",那么多数人会说其实没那么美;如果问"芙蓉姐姐在这些年中有没有进步",那么大家还是会看到她在提升自己;诸如此类。其中,第一个问题太大了,维度太多了,而后面几个问题的维度简单、足够微观,这更容易达成共识。

寻找确定性的两极之二是更宏观的方向。很多物理现象是能够预报的,例如日月食、海洋潮汐等,因为它们具有周期性。洛伦兹在一次科学家的聚会上冷冷地说:"要想预报这杯咖啡一分钟之后的温度,我们可能遇到困难,但要预报一个小时以后的情形却轻而易举。"言下之意,尽管蝴蝶效应存在,但是在更宏观的尺度上,确定性的规律依然起着作用。

前文曾经提到过，熵定律在宏观上起着作用，整个宇宙都在向着均衡态发展，至少在这一代人类生存的历史中不会改变了。此外，光速是无法超越的，这也具有某种终极的宏观确定性；宇宙是无边界的，但它依然有限大，这也是确定的……科学告诉我们，在更宏观的尺度上，依然有着某种让人安心的确定性存在。

向着宏观寻找的现实应用，比如，"中国在十年后的贫富差距将会更大还是更小"，这个很难预测，但如果用更长的时间来提问，那么总体会越来越走向均衡，这是由熵定律决定的，不论由于何种原因、采用何种形式，八项规定也好，官员财产公开也好，境外追逃也好，裸官整治也好，税收调节也好，慈善公益也好……所有这些都朝着这个方向推进着，这是必然趋势。

我们也可以同时向着微观和宏观这两条路径寻找确定性，其现实应用如"暴恐事件是正能量还是负能量"这个问题。从微观来看，暴恐事件本身肯定是负能量，因为它属于一种相互解构、排斥的力；从中观的混沌理论来看，它的作用不确定，既有可能教唆更多人实施暴恐行为，也有可能把更多人团结起来反对暴恐行为，短时间内会存在世事难料的混沌状况；但是从更宏观的角度来看，凝聚力是正能量，联结是走向强大的力量，越是在社会走向多元化的今天，正能量的传递越必要，相互之间的团结也变得更为重要。

其实，混沌理论的意义不在于告诉人们世事的不确定和难以预料，而是恰恰相反，正如英国研究混沌的权威之一、数学教授伊恩·斯图尔特（Ian Stewart）所言："'混沌'这个词已经远离其最初的限定，因此在某种程度上也被低估了……其暗示也被误传了。混沌被用来作为没有秩序或失去控制的理由，而不是被用来证明存在隐匿秩序的工具，或者被用来控制那些一眼看去似乎不可控制的系统的方法。"

简单地说，伊恩·斯图尔特这段话的意思是：简单系统产生出复杂行为，复杂系统产生出简单行为，看似混沌的背后可能隐藏着非常简单的规律。

从某种角度来说，混沌并不可憎，我们反而应感谢它的存在：假如所有的一切都已规定好了，生命必将失去意义、毫无尊严。恰恰是混沌给我们的自由意志提供了舞台，让我们得以通过自己的言行改造身处其中的世界，并与周围的人与事同呼吸、共命运。

那么，混沌之外的确定性，它们的价值又将是什么呢？多亏还有来自科学和逻辑的确定性，为我们提供了不会轻易动摇的信仰，使我们在改造世界的过程中不至于迷茫。

在星空指引下，心向未来

好莱坞灾难片《2012》描述了人类走向毁灭的某种科幻版本：各种自然灾害从天而降，人类文明几近灭绝，只有少数精英躲过生死劫难。在影片结尾，历经九死一生的幸存者乘坐现代版诺亚方舟航行在茫茫大海上。清早醒来，眼前的迷雾刚刚散开，人们就惊恐地发现诺亚方舟正快速撞向悬崖，整船人再次面临生死考验……船长下令全速倒船，无奈船大惯性也大，仍不断向危险逼近。在一组令观众窒息的电影蒙太奇中，时间一分一秒地过去。直到千钧一发的最后关头，才奇迹般地避免了船毁人亡。观看这个片段时，我真希望自己手中有一把小木桨，到船头划动几下。

如果把整个中国比作一艘巨型航母，我们每个公民都在这艘航母上。每人手里都握着一把桨，大家能否目标一致、齐心协力地让这艘航母驶向更美好的未来？这是一个严肃的大命题。

如何寻找共识？如何在公民和国家之间找到一种和谐的互动关系？

生活中常见的磁体为我们提供了一幅简单而清晰的图谱。船在海上航行时需要罗盘，罗盘是由磁体制成的，与地球磁极相对应。在磁体的内部又是什么景象呢？它由无数个原子组成，每一个原子都表现得像一个微小的磁体（就像一个个微小的指南针），而它们又倾向于顺着一条线整齐地排列起来。物理学家将这种"原子磁针"称为"自旋"（见图7-7）。

 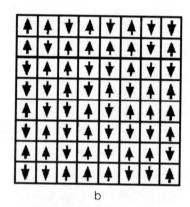

图 7-7　原子自旋（有序、无序的对照）

图7-7 a 所示是磁体最稳定的状态，即所有的磁针都指向同一个方向。在这种位形中，所有单个原子的小小磁场加到一起，便会形成一个很强的磁场，铁块就成了磁体，具有明确的指向。

图7-7 b 中的小箭头则是混乱的，有些向上、有些向下，原因是每个原子作为微小的指南针，有其相对的独立性，它们可以有不同的指向。正因为它们指向杂乱无序，所以各个原子的微小磁场便是彼此抵消的，铁块就成了非磁体。这种情况的确有可能发生，如果加热磁体到某个较高的温度，其磁性有可能会消失（而冷却后又会恢复）。就磁铁而言，这一变化发生在770℃左右（这样的温度，是中世纪时铁匠炉能够达到的）。为什么会这样呢？因

为在加热过程中，热会搅扰磁自旋的排列，就像摇晃这些指南针一样，弄得它们的指向无规起来；接下来，每个原子的自旋都会影响到它周围原子的自旋，使其失去磁性。

在我看来，这简直就是目前人们"价值观"的生动写照：穷人们希望"劫富济贫"，而有些富人却想"劫贫济富"；有人认为应该"当好人"，有人则认为应该"当坏人"；有人认为"正规则""明规则"是真规则，有人却认为"潜规则"才是真规则……有人"向上"，有人"向下"，于是整个社会就像失去了磁性的磁体，不再呈现出明确的指向，这或许是"过热的经济"造成的搅扰。

细心的你可能会想到一个问题：如前文所述，既然"多元化"是一种必然存在的、合理的，甚至有益的趋势，那么每个人都有自己的主张，又何来"共识"呢？

这个问题依然要从高维度来观察。我们不妨仰望星空：在地球之外，所有的星星都会"斗转星移"，唯有一颗星的方向是基本不变的，那就是"北极星"，有了它的指引，在夜空下行走的人就不会迷失方向。

地球上的每个人似乎都在追求着各自的利益，其行为是多元化的，有人把挣钱当成幸福，也有人认为付出才是幸福，就像处在地表这同一个平面上的人们去各地旅行，总觉得生活在别处。但超出这个平面之外，总能找到更为抽象的价值观，它是超越了具体利益的指向，无外乎"向上""向下"这两种。

有意思的是，早在两千多年前的《论语·为政》中就有"为政以德，譬如北辰"的说法，意思就是要让人们内心具有相同的指向，即具有相同的道德。

今天看来，如果每个人心中的"道"都是相同的，且都是"向上"的，那么，至少我们能达成某种共识，也能在一定程度上减少四分五裂的可能性。

这个世界，没那么简单

从更高维度看，"道"指向了"德"，这是大方向。

作为公民个人，就像小小的原子自旋一样，尽管力量极其卑微，但至少可以在心中决定自身的指向。

更为重要的是，混沌理论告诉我们，这个世界还有很多微妙的可能性，正如磁体的原子自旋带来的深远影响那样，任何事物都与其他事物相联系，如树木与气候、人与环境，以及各个社团之间，我们不再是孤立的个体。所有事物也都不再孤立。我们自身的指向，也会在一定程度上影响身边的人；我们的任何微小举动，都有可能在社会中产生意想不到的作用与回响。

中国科学院研究系统科学的杨晓光教授在题为《社会集群行为的数学建模》的报告中提到他的一项研究：假定在一个群体中，对社会总体满意度达到98%。通过某种讨论会，找一个对社会最不满的人上台演讲、如实地表达他个人的一点点不满，就会将这种不满传递给对社会不满程度仅次于他的那个人，再让这个人上台演讲……该模型计算得出结论：99轮之后，对社会的总体满意程度就会锐减到50%以下！在满意度从98%降到不足50%的过程中，其实社会本身的好坏并无丝毫变化，每个人看似只是"如实地表达了一点点不满"，但这些不满相互传递、相互叠加的效果却是惊人的。可见每个人都要做好传递自身声音的把关人；正因为世界是混沌的，所以我们更须清醒，传递正能量。

"人活着，就是为了改变世界"——怀有这种梦想的人，能改变世界。

后记
POSTSCRIPT

近几年，人们似乎对宇宙、对自然科学的好奇心越发强烈了。其中，电影的作用功不可没：一是走进电影院的观众越来越多，二是银幕上关于外太空的影片越来越多——似乎地球上的寻常故事早已无法满足观众被日益吊高的胃口了。

艺术常常是超前的，电影又是艺术中最为逼真、最为梦幻的一种。身为电影学博士，我感到无比幸运。而对绝大多数观众来说，至少也会感谢电影为自己在现实世界无法实现的梦想提供了某种替代性的满足吧。这恰恰是人们为什么会一次又一次走进电影院的潜在动机。

然而，令人沮丧的是，从电影院走出来之后，我们不得不回归现实，重新开始丛林般的生存竞争和博弈。我们不禁会问：生活，究竟能否像电影那般美好呢？

其实，电影还有一种价值远未得到充分重视，即它的哲学功能。我并不是指分析某一两部电影或一两个导演的作品所体现的哲学思考，而是指以某种方式研究电影的集合：所有的电影加在一起，将可能产生怎样的哲学观照？

说到这里，必须要感谢恩师郑洞天教授，让我任性地选择了十分古怪的论文题目，并一直支持和鼓励我的研究。我在还没写完博士论文的时候，竟一意孤行地想先写本哲学书。郑老师只是低声地问了一句："你能先写博士论文吗？"我直截了当地摇摇头。真是任性啊！幸运地遇上如此德高望重又善解人意的导师，他的期待给我提供了源源不断的动力。

略去攻读博士期间复杂的研究过程，单说结果：我通过分析大量电影样本得出的哲学观照竟与宇宙秩序高度吻合！从中能窥见万有引力、行星轨道、熵定律、质能守恒、宇宙超球体等诸多自然科学规律的身影。对这些规律更熟悉的理工科学生未必能在社会层面上看见它们，因为意想不到的研究结果常常来自交叉学科。或许，这就是天意吧：科学家千辛万苦地爬到山顶时，艺术大师已经在此等候多时了；或许，当现实在将来千辛万苦爬到山顶时，梦想也早已在那里等候多时了吧？

这本书，就是试图解释为何现实和艺术可能相融，解释社会生活和自然规律怎样密切相关，尽管此类尝试在刚开始时必定十分笨拙，可毕竟也算是我们了解自身的一种努力吧。我相信，在目前的中国有很多人都在作此种努力，这本书只是其中的一条小小溪流而已。

同时，也非常感谢很多朋友为这条小溪流注入了更多滋养，他们是：桂起权、叶晓、康健、张政、李智超、林峰、董明珠、李家烨。感谢出版经纪人王文鹏。他们为此书面世所作的种种争论和探讨，都已成为我十分愉快和美好的回忆。

无论时光怎样改变，无论我们的容貌是否依然，规律总在那里，古老而又生机盎然，一如春天的万物，在寒冬后复苏，向着太阳，孕育，生长。